高等教育高职高专系列教材
广东省一流高职院校建设计划成果

印刷色彩

李　娜　张彦粉　李小东　主　编
张林林　刘晓丽　副主编
葛纪者　邱丙中　唐东方　参　编
刘武辉　主　审

中国轻工业出版社

图书在版编目（CIP）数据

印刷色彩/李娜，张彦粉，李小东主编. —北京：中国轻工业出版社，2023.9

高等教育高职高专“十三五”规划教材

ISBN 978-7-5184-2021-6

Ⅰ.①印… Ⅱ.①李…②张…③李… Ⅲ.①印刷色彩学-高等职业教育-教材 Ⅳ.①TS801.3

中国版本图书馆 CIP 数据核字（2018）第 144217 号

责任编辑：杜宇芳　　责任终审：劳国强　　整体设计：锋尚设计
策划编辑：杜宇芳　　责任校对：吴大鹏　　责任监印：张　可

出版发行：中国轻工业出版社（北京东长安街 6 号，邮编：100740）
印　　刷：三河市万龙印装有限公司
经　　销：各地新华书店
版　　次：2023 年 9 月第 1 版第 3 次印刷
开　　本：787×1092　1/16　印张：7.25
字　　数：160 千字
书　　号：ISBN 978-7-5184-2021-6　　定价：49.80 元
邮购电话：010-65241695
发行电话：010-85119835　传真：85113293
网　　址：http://www.chlip.com.cn
Email：club@chlip.com.cn
如发现图书残缺请与我社邮购联系调换
231615J2C103ZBW

东莞职业技术学院重点专业建设教材编委会

总 序

依据生产服务的真实流程设计教学空间和课程模块，通过真实案例和项目激发学习者在学习、探究和职业上的兴趣，最终促进教学流程和教学方法的改革，这种体现真实性的教学活动，已经成为现代职业教育专业课程体系改革的重点任务，也是高职教育适应经济社会发展、产业升级和技术进步的需要，更是现代职业教育体系自我完善的必然要求。

近年来，东莞职业技术学院深入贯彻国家和省市系列职业教育会议精神，持续推进教育教学改革，创新实践“政校行企协同，学产服用一体”人才培养模式，构建了“学产服用一体”的育人机制，将人才培养置于“政校行企”协同育人的开放系统中，贯穿于教学、生产、服务与应用四位一体的全过程，实现了政府、学校、行业、企业共同参与卓越技术技能人才培养，取得了较为显著的成效，尤其是在课程模式改革方面，形成了具有学校特色的课程改革模式，为学校人才培养模式改革提供了坚实的支撑。

学校的课程模式体现了两个特点：一是教学内容与生产、服务、应用的内容对接，即教学课程通过职业岗位的真实任务来实现，如生产任务、服务任务、应用任务等；二是教学过程与生产、服务、应用过程对接，即学生在真实或仿真的“产服用”典型任务中，也完成了教学任务，实现教学、生产、服务、应用的一体化。

本次出版的系列重点专业建设教材是“政校行企协同，学产服用一体”人才培养模式改革的一项重要成果，它打破了传统教材按学科知识体系编排的体例，根据职业岗位能力需求以模块化、项目化的结构来重新架构整个教材体系，较于传统教材主要有以下三个方面的创新。

一是彰显高职教育特色，具有创新性。教材以社会生活及职业活动过程为导向，以项目、任务为驱动，按项目或模块体例编排。每个项目或模块根据能力、素质训练和知识认知目标的需要，设计具有实操性和情境性的任务，体现了现代职业教育理念和先进的教学观。教材在理念上和体例上均有创新，对教师的“教”和学员的“学”，具有清晰的导向作用。

二是兼顾教材内容的稳定与更新，具有实践性。教材内容既注重传授成熟稳定的、在实践中广泛应用的技术和国家标准，也介绍新知识、新技术、新方法、新设备，并强化教学内容与职业资格考试内容的对接，使学生的知识储备能够适应社会生活和技术进步的需要。教材体现了理论与实践相结合，训练项目、训练素材及案例丰富，实践内容充足，尤其是实习实训教材具有很强的直观性和可操作性，对生产实践具有指导作用。

三是编著团队“双师”结合，具有针对性。教材编写团队均由校内专任教师与校外行业专家、企业能工巧匠组成，在知识、经验、能力和视野等方面可以起到互补促进作用，能较为精准地把握专业发展前沿、行业发展动向及教材内容取舍，具有较强的实用性和针对性，从而对教材编写的质量具有较稳定的保障。

东莞职业技术学院重点专业建设教材编委会

前 言

印刷色彩是印刷相关专业普遍开设的一门专业核心课程，是衡量印刷品质量好坏的一项重要指标，在印刷品生产过程中，对原稿检查、印刷工艺过程、专色油墨调配、印版制作、印刷、印品质量检测等工序，都涉及到印刷相关知识。近几年，企业对会辨色、改色、调色、测色的人才需要越来越大，为适应企业对人才的需求，结合企业相关岗位的技能需求，与企业共同开发了《印刷色彩》这本教材。

本教材属于“广东省一流高职院校建设计划成果”，也是东莞职业技术学院印刷媒体技术专业省级示范建设任务之一。本教材由东莞职业技术学院和东莞永发印务有限公司、深圳中华商务印刷有限公司等合作共同开发，本教材的编写以培养印刷色彩方面高素质技能型人才为目标，重视学生的兴趣培养，融入了一些感性认识色彩的知识，强调课程内容的实用性，突出学生职业能力的培养，将教材内容任务化、项目化，开发的教学内容具有较强的岗位针对性和适应性。在教材文字表述上采用通俗易懂、简练的语言，并配有大量的图片，力求做到图文并茂，便于学生的理解和掌握。

本教材由东莞职业技术学院李娜、张彦粉、李小东、东莞理工学校张林林、石家庄信息工程职业学院刘晓丽等执笔，此外，邀请深圳中华商务印刷有限公司唐东方、石家庄信息工程职业学院邱丙中、东莞永发印务有限公司葛纪者等校企专家参与教材编写。在此谨向各合作企业和学校的专家们给予的帮助和支持表示诚挚的谢意。

由于编者水平有限，书中若有遗漏或不妥之处，敬请各位同仁批评指正。

目 录

项目一 颜色的形成

项目二 颜色混合

项目三 颜色视觉现象

项目四　颜色三属性

项目五　显色表示系统

项目六　颜色的分解

项目七 颜色的合成

项目八 专色油墨的调配

项目九 颜色的测量

项目一　颜色的形成

知识目标

1. 了解可见光谱的范围及其应用，掌握光的反射、透射以及吸收现象。
2. 了解眼睛的结构和功能，掌握眼睛的视觉特性。
3. 了解颜色的分类，掌握颜色视觉产生的四要素。
4. 掌握光源的色温、显色性等特性。
5. 了解标准光源和标准照明体的区别，掌握印刷行业标准照明条件。
6. 掌握消色物体与彩色物体的颜色形成过程。
7. 熟悉三色学说、四色学说、阶段学说，掌握三种学说之间的区别。

能力目标

1. 能根据观察对象的不同，选择合适的照明条件。
2. 能够利用颜色视觉理论，进行简单的颜色应用。
3. 会为观察的样品选择合适的标准光源和观察环境。

学习任务　颜色的形成

任务描述

1. 在现实生活中，什么情况下我们不能看到颜色？

2. 将彩色印刷品放在标准光源箱下，仔细观察不同的标准光源下，印刷品的呈色情况，并根据色温的概念，推测每种光源的色温范围。

一、颜色的形成

人们在感知这个世界时，约80%的信息是依靠人眼的视觉提供的。人的视觉分为颜色视觉与形象视觉，其中颜色视觉也就是指颜色，它是一种光学现象，是光刺激人眼的结果。因此，我们将颜色定义为光作用于人眼引起的除形象以外的视觉特性。我们所看到的颜色，是光线的一部分经有色物体反射刺激眼睛，在头脑中所产生的一种反映，下面我们一起来了解下颜色。

1. 颜色的分类

按照颜色的视觉特征，将颜色分为彩色和非彩色两大类，所以通常所说的颜色是彩色和非彩色的总称。

非彩色的视觉特征是没有彩色感觉的一类颜色，有时也称为中性色，是白色、黑色和各种深浅不同的灰色。纯白色是指该物质对于一切光线都反射，其反射率等于一。纯黑色是指该物质对于一切光线都吸收，其反射率等于零。实际生活中没有纯白、纯黑的物质，氧化镁只能近似白，黑绒接近纯黑。黑白系列的非彩色只能反映物质的光反射率的变化，在视觉上的感觉是亮度上的变化。当印刷的表面对可见光谱所有波长的辐射的反射率都在80%～90%以上时，视觉上的感觉便是白色。反射率在4%以下则是黑色。白色、黑色和灰色物体对光谱各波长的反射没有选择性，称他们为中性色。

彩色是白黑系列以外的各种颜色。彩色具有更丰富的视觉感受，可以传达比非彩色更丰富的信息。彩色则除了有明亮感觉外，还有色调感觉和彩度感觉，因此彩色用明度、色相、饱和度三个特性来描述。

2. 颜色的形成过程

当我们提到颜色的时候，人们习惯性的将颜色与人的感觉、外界的刺激和人的知觉联系在一起的。比如当我们提到绿色的时候，还会想到绿叶和绿色交通信号灯。当提到红色的时候，我们会想到红花和红色信号灯。颜色感觉总是存在于颜色知觉之中，很少有孤立的颜色感觉存在，所以我们习惯把人眼对颜色的感觉称为颜色视觉。

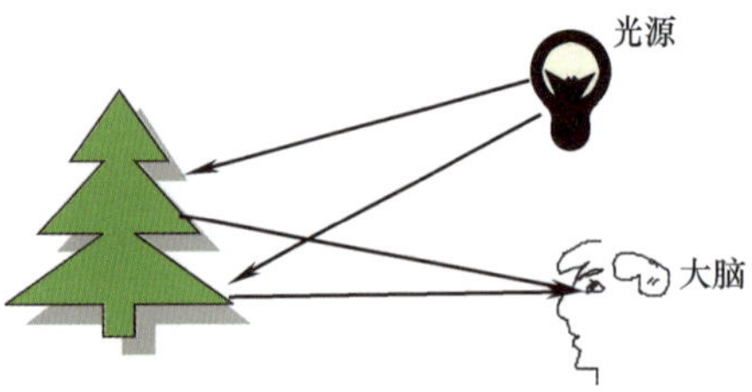

图 1-1 颜色的形成过程

颜色视觉产生的过程如图 1-1 所示，光源（包括太阳光与各种人工光源）发出的光照在物体表面经过物体对光选择性地吸收、反射或透射之后作用于人眼，由人眼内视细胞将光刺激转换为神经冲动，由视神经传入大脑，由大脑判断出该物体的颜色。由此可知：光源、物体、眼睛、大脑是颜色视觉产生的四大要素。这四个要素不仅使人产生颜色感觉，而且也是人能正确判断色彩的条件。这四个要素，如果有一个不确实或者在观察中有变化，就不能正确地判断颜色及颜色产生的效果。人们观察物体时，视觉神经对色彩反应最快，其次是形状，最后才是表面质感和细节。

二、光

我们生长在这个地球上，一天也离不开阳光，太阳给了我们温暖，给了我们生命，给了大自然一切。如果没有了阳光，世界将会一片漆黑；如果没有了太阳，我们黑白不清，分不清白天晚上。因此，我们眼睛能看到世界万物，是因为有光。

五光十色、绚丽缤纷的大千世界里，色彩使宇宙万物充满情感，显得生机勃勃。色彩作为一种最普遍的审美形式，存在于我们日常生活的各个方面。衣、食、住、行、用，人们几乎无时不在地与色彩发生着密切的关系。色彩现象是一种变化万千的自然景象，没有色彩就没有花红柳绿，没有色彩就没有碧海蓝天，没有色彩就没有诗，没有音乐，没有艺术。没有色彩的世界无疑是个黑暗死寂的世界。人的一生自始至终都处在绚丽的色彩包围之中，并在这包围之中感受到时光的美好，时间的温馨，人生的愉悦。色彩现象是客观存在的，而且永恒。

色彩是一种视觉感受，客观世界通过人的视觉器官形成信息，使人们对它产生认识。所以，视觉是人类认识世界的开端。来自外界的一切视觉形象，如物体的形状、空间、位置以及它们的界限和区别都由色彩和明暗关系来反映。

在没有光线的暗室中，人为什么看不到任何东西，因为物体本身不发光，物体只有在有光线的作用下，才能呈现颜色。所以一切色彩离不开光。在前面我们提到，不同的光作用在物体表面形成不同的色彩，光作用于透明物体上，除部分被反射、吸收外，大部分光能透过物体，物体的颜色由透过的光谱成分决定。光作用在不透明物体上，物体的颜色则由反射的光谱成分决定。可见，没有光就没有色，光是人们感知色彩的必要条件，色来源于光。所以说光与色的关系是：光是色的源泉，色是光的表现。

光是一种电磁波辐射，因而光源又称作物理辐射体。国家标准 GB 5698—1985 给出了光的定义，即光是指能够在人眼的视觉系统上引起明亮的颜色感觉的电磁辐射，因此，光是刺激人眼睛的电磁辐射，光的物理性质由它的波长和能量决定，其中波长决定了光的颜色，能量决定了光的强度。波长不同，光的颜色不同；能量不同，光的明暗不同。

1. 可见光

在整个电磁波谱中，并不是所有的电磁波辐射都能引起人眼的视觉反应，只有波长在380～780nm（1nm＝10^{-9}m）的辐射能引起人们的视觉感，这段刺激人眼引起视觉的光辐射称为可见光辐射，简称可见光。在整个电磁波波谱中，可见光只占很小的一部分，如图1-2 所示。

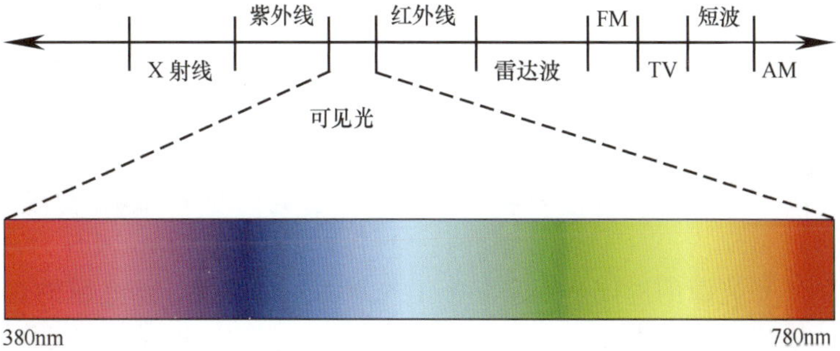

图 1-2 可见光谱图

在可见光谱范围内，不同波长的辐射引起人眼的不同颜色感觉。1666 年英国科学家牛顿在剑桥大学实验室发现，把太阳光经过三棱镜折射，然后折射到白色的屏幕上，会显出一条像彩虹一样的色光带谱，从红开始，依次是红、橙、黄、绿、青、蓝、紫七色。这说明日光中包含不同波长的辐射能，在它们分别刺激眼睛时，会产生不同色光，而它们混合在一起并同时刺激人眼时，产生白光。如图 1-3 所示，当一束白光经过三棱镜时，由于不同波长光的折射系数不同，有七种不同颜色的光投影在屏上。因此，人们将白光通过三棱镜被分解成各种色光的现象称为色散，这条依次排列的彩色光带称为光谱。

在上述光谱中，每一种颜色的光只有一种波长，这种只含有一种波长而不能再分解的

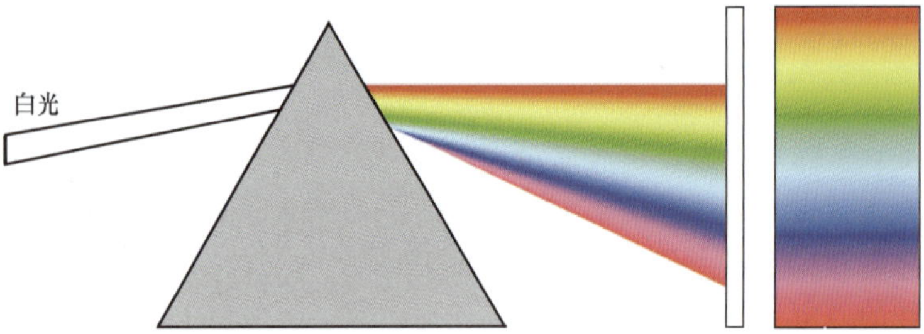

图 1-3 色散实验

光称为单色光。单色光的波长由长到短，对应的颜色感觉由红到紫。常见的颜色所对应的波长如图 1-4 所示，图中给出的波长也是一个大致的范围，因为从某一颜色到另一颜色是连续渐变的，各色光之间并没有严格的界限。

红色 770～620nm	橙色 620～590nm
黄色 590～560nm	黄绿色 560～530nm
绿色 530～500nm	青色 500～470nm
蓝色 470～430nm	紫色 430～380nm

图 1-4 常见色波长范围

由单色光混合而成的光叫复色光。在日常生活中，我们见到的光源大部分是复色光，比如，太阳光、白炽灯、日光灯等。一般的光源（自然光源及人工光源）发出的光都是由不同波长的单色光混合而成的复色光。同一种光既可以是单一波长的单色光，也可以是由多个单色光按照一定比例合成的复色光。两种光不管它是复色光还是单色光，只要给我们的感受是相同的，就可以相互替代，在本教材的项目二中，我们会详细介绍光的混合规律。

2. 光源的色温

（1）热力学黑体　如果一个物体能够在任何温度下全部吸收任何波长的辐射，那么这个物体称为绝对黑体。天然的、理想的绝对黑体是不存在的，可以利用耐火材料人工制造黑体。黑体有两个主要的特点：一定温度的黑体表现为特定的光色；黑体辐射光色随温度升高按红黄白蓝顺序变化。

（2）色温　当某一种光源所发出光的颜色与某一温度下绝对黑体的颜色相同时绝对黑体的温度，称为色温。色温用绝对温度表示，单位为 K。绝对温度 T 与摄氏温度 t 的关系为：

$$T(\mathrm{K})=t(℃)+273$$

色温表达的不是光源的温度，而是表征了光源的光谱特性，而光源的光谱分布又决定了光源的光色，所以色温表达的是光源的光色，它与光源本身的温度无关。色温高的光源，蓝光的成分多，红光的成分少，色温越高，光源的光色越偏蓝；相反色温低的光源，红光的成分多，蓝光的成分少，色温越低，光源的光色越偏红。在实际中许多其他的人工光源其计算出来的色度点并不一定落在黑体轨迹上，而是在轨迹的附近，这是只能用光源与黑体轨迹最近的颜色来确定该光源的色温，称之为相关色温。

色温是反映光源属性的重要指标。了解光源的色温，对印刷复制过程中选择光源有着重要意义。产品印刷过程中，为了保证印刷品的墨色与原稿一致，看样台光源的色温过高或过低都会影响印刷机操作者的追色效果。我国的行业标准规定：观察透射样品时，光源的相关色温应该为 5003K；观察反射样品时，光源的相关色温应该为 6504K。

3. 光源的显色性

日常生活中，如果光源的颜色照在物体上使物体颜色严重失真，那么这一光源就不能反映事物的本来面目。同样，在印刷工艺中，光源的颜色是决定印刷品质量的一个重要因素。光源的颜色除了表示人眼直接看到的光源的颜色这一层含义外，还指光源照射到物体上物体所产生的客观的颜色效果，这称为光源的显色性。显色性越好的光源，其光谱功率分布与标准光源越接近。

为了统一标准，CIE 规定，将普朗克辐射体作为低色温光源的参照标准，标准照明体 D 作为高色温光源的参照标准，分别用来衡量其他光源照明下的颜色效果。因此，光源的显色性是指与参照标准照明体相比较，某一光源对物体颜色外貌所产生的效果。其中白炽灯和日光是显色性最好的光源，而其他与这两种光源的光谱分布有较大差别的光源则显色性较差。对于显色性差的光源，不论它的发光效率有多高，都不适于印刷、印染、文体、摄影、电影、电视等需要识别颜色的行业或场所，而只能用于一般要求不高的照明。

光源显色性直接影响物体颜色外貌，所以它有着重大意义。为了对光源的显色性做出一个准确的评价，通常用显色指数来表征显色性的优劣，用显色指数对显色性给予定量评价。显色指数是待测光源下物体呈现的颜色与参照光源下物体所呈现颜色相符合程度的度量。

1964 年，CIE 制定了一种光源显色性评价方法，经 1974 年修订后正式向世界各国推荐采用。1984 年，我国在制定光源显色性评价方法的国家标准时，即采用了 CIE 推荐的光源显色性评价方法，又考虑到我国人的肤色特征，在计算光源显色性时增加了我国女性面部肤色，使我国的光源显色性评价方法既具有国际通用性，又符合中国人的视觉心理。

光源的显色指数可以规定为三个范围，显色指数大于 75 的光源为优质显色光源，越接近 100，显色性越好；显色指数在 50～75 的光源，显色性一般；显色指数小于 50 的光源，显色性较差。光源显色指数较低，物体在这一光源下会发生变色或失真，显色指数越低，变色或失真情况越严重。目前，印刷行业所用光源的显色指数一般不低于 90，彩色摄影、彩色影视等与颜色有关的工业部门也要求用显色指数大于 85 的高显色性的光源。

表 1-1 列出了许多常用光源的显色指数，白炽灯、碘钨灯、溴钨灯、镝灯的一般显色指数均超过 85，适用于辨别颜色要求较高的视觉工作，如彩色电影与彩色电视的拍摄、染料、彩色印刷、食品工业等。荧光灯的显色指数在 70～80，作为连续与线状混合光谱的光源来说，显色性比较好，适用于一般辨别颜色的视觉工作。日光色荧光灯的相关色温为 6000K，是较为理想的日光色光源。外镇高压汞灯、内镇高压汞灯以及高压钠灯的显色指数低于 50，显色效果较差，其中高压钠灯的显色性最差，显色指数是 20～25，相关色温为 1900K，这些光源不适用于辨别颜色工作。

表 1-1　　常用光源的一般显色指数

光源名称	相关色温/K	一般显色指数/Ra	光源名称	相关色温/K	一般显色指数/Ra
白炽灯(500W)	2900	95～100	外镇高压汞灯(400W)	5500	70～80
碘钨灯(500W)	2700	95～100	内镇高压汞灯(450W)	4400	30～40
溴钨灯(500W)	3400	95～100	镝灯(1000W)	4300	85～95
荧光灯(白色光 40W)	6600	70～80	高压钠灯(400W)	1900	20～25

光源的显色性是由光源的能量分布所决定的。具有连续光谱的光源，如日光或与之相

似的连续光谱均有较好的显色性。如果光源的能量分布很不连续，则光源的颜色肯定偏向某种颜色，光源的显色性必然低，颜色失真度大。虽然光源的显色性和光源的色温都是由光谱功率分布所决定的，但是它们之间并没有必然的联系，色温的高低并不决定显色指数的高低。白炽灯的色温较低，但是它的显色指数却很高，而荧光灯的色温很高，但是它的显色指数却一般。光源的色温及显色性都是评价光源优劣的重要指标，而光源的显色性具有重要的意义。

4. 标准光源与标准照明体

人们的日常生活或工作都离不开光源，有了光，人们才能看清物体的形状以及分辨出物体的颜色，但是，光源的颜色会影响到物体的呈色，即使是在同一光源下，有时人们所观察到的物体的颜色效果也不一定相同。为了能准确测量物体表面的颜色，人们需要在一个稳定的光谱性能的光源下进行。为此，国际照明委员会（CIE）推荐了色度学的标准照明体 A、B、C、D 和标准光源 A、B、C。

（1）标准照明体　标准照明体是指特定的光谱功率分布。这一光谱功率分布不是必须由一个光源直接提供，也不一定能用光源来实现。为了统一颜色测量的标准，CIE 推荐四种标准照明体 A、B、C、D，其中，CIE 标准照明体 A、B、C 由标准光源 A、B、C 来实现，两者的相对光谱功率分布应接近一致。只有标准照明体 D，目前还没有真实的光源准确地实现，国际上正在研究具有标准照明体 D 相对光谱功率分布的标准光源。

标准照明体 A，代表“1968 年国际用温标”。绝对温度大约为 2856K 完全辐射体的光。它的色品坐标落在 CIE1931 色品图的黑体轨迹上。

标准照明体 B，代表相关色温大约为 4874K 的直接阳光，其色度点靠近黑体轨迹。

标准照明体 C，代表相关色温大约为 6774K 的平均日光，它的色度点在黑体轨迹的下方。

标准照明体 D_{65}，代表相关色温为 6504K 的日光，它的色度点在黑体轨迹上方。

标准照明体 D，代表标准照明体 D_{65} 以外的日光。

图 1-5 是标准照明体的光谱曲线，从标准照明体 A、B、C、D_{65} 的相对光谱功率分布曲线可知，标准照明体 B 和 C 缺少紫外辐射，因此 B 和 C 两条曲线不能正确地代表相应的日光，而标准照明体 A 或 D_{65} 可以代表日光。

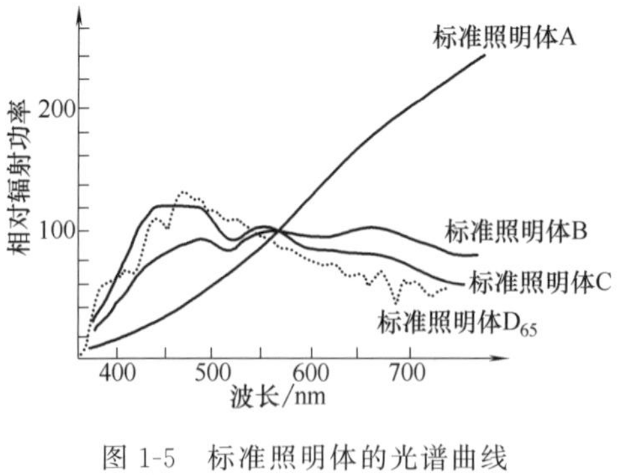

图 1-5　标准照明体的光谱曲线

（2）标准光源　标准光源是指用来实现标准照明体光谱功率分布的物理辐射体，即光源。CIE 规定用下列人工光源来实现标准照明体。

标准光源 A，色温 2856K 的充气钨丝灯，光色偏黄。

标准光源 B，由 A 光源加一组特定的戴维斯-吉伯逊液体滤光器，以产生相关色温 4874K 的辐射，相当于中午的日光。

标准光源 C，由 A 光源加另一组特定的戴维斯-吉伯逊液体滤光器，以产生相关色温 6774K 的辐射，相当于有云的日光。

工业生产中精细的辨色工作要求照明光源具有真实日光的光谱功率分布，因而应包括紫外辐射和可见光谱辐射，CIE 标准光源 B 和 C 都缺少光谱紫外成分，不能满足要求。标准照明体 D 却具有日光谱的紫外成分。

（3）标准照明体与标准光源　CIE 对标准照明体和标准光源加以区分，照明体是指特定的光谱功率分布，而光源则指具体的发光物体。CIE 标准照明体 A、B、C 是由标准光源 A、B、C 来实现的，标准光源用具有一定光谱功率分布的灯或加滤光片的灯来产生。当某一标准照明体能用相应的标准光源实现，则两者的相对光谱功率分布应接近一致。

CIE 规定的标准照明体 D 也叫典型日光或重组日光。典型日光与实测日光有非常接近的相对光谱功率分布，并且典型日光比标准照明体 B 和 C 更符合实际日光的色度点，所以 CIE 推荐用 D_{50}（5004K）、D_{55}（5503K）、D_{65}（6504K）、D_{75}（7504K）的相对光谱功率分布作为代表日光的标准照明体。CIE 建议尽可能用 D_{65} 来代表日光，在不能应用 D_{65} 时则尽量使用 D_{55} 和 D_{75}。在印刷应用中，常使用 D_{50} 作为标准照明条件。

模拟某一种标准照明体的人工光源，最根本的问题就是复制出这种照明体的相对光谱功率分布，要把这一效果做到完全相同是非常困难的。对于标准照明体 D，目前还不能由真实的光源准确地实现。国际上也正在研究具有标准照明体 D 相对光谱功率分布的标准光源。现在模拟 D_{65} 的人工光源主要有三种：第一种是带滤光器的高压氙灯，它是目前最好的能模拟 D_{65} 的人工光源；第二种是带滤光器的白炽灯，但是它在紫外区的模拟不是十分理想；第三种是带滤光器的荧光灯，它的相对光谱功率分布与 D_{65} 还是存在较大区别。

5. 印刷对光源的要求

印刷行业主要是从事色彩的复制和还原工作，从印前图像的扫描输入、图像的处理、印版的制作到印刷，每道工序都要时刻注意观察、分析、比较原稿与印刷品的颜色效果，保证真实地再现原稿的颜色，避免色彩失真。因此，印刷行业对照明条件要求较高，光源的选择非常重要。为了规范印刷行业的照明条件，我国制定了印刷行业标准 CY/T3 1999《色评价照明和观察条件》，标准中对印刷行业观察颜色时使用的光源条件、照明条件、环境条件等都做了详细规定。

（1）照明光源　在实际印刷生产过程中，通常要使用人工光源照明，印刷行业观察彩色印刷品所使用的光源可分为两种，一种是观察反射样品的光源，如印刷机看样台上的灯箱；另一种为观察透射样品的光源，如观察彩色透射原稿的灯箱。

印刷行业标准 CY/T3 1999《色评价照明和观察条件》中规定观察颜色样品所用的人工光源应为 D_{50} 和 D_{65} 两种照明体的模拟体，观察透射样品所采用的参照照明体为 CIE 标准照明体 D_{50}，所用人工光源为 D_{50} 的模拟体。用于观察反射样品（反射原稿和复制品）所采用的参照照明体为 CIE 标准照明体 D_{65}，所用人工光源为 D_{65} 的模拟体。

对于印刷行业，标准光源的要求主要从以下四个方面衡量：一是显色指数，显色指数可以理解为相同的色温下，光源与“理想”的标准光源之间的相似程度，如果数值是 100，表示 100%接近；如果数值是 90，表示 90%接近。对于印刷行业而言，显色指数越高，在其中观察颜色的还原程度越高；显色指数越低，颜色还原的程度越低。因此，印刷行业要求显色指数 Ra 应不小于 90。二是照度，照度即光照的强度，照度越高，光源越亮；照度越低，光源越暗。对于印刷应用而言，用于观察样品的光源应在观察面上产生均匀的漫射光照明，照度范围为 500～1500lx。观察面不应有照度突变，照度的均匀度不小于 80%。三是均匀度，均匀度不好会使印刷品看起来深浅不一，所以观察灯箱都会安装围光板。好的灯箱围光板会有特别的设计，以保证光线能够均匀地照射在看样台面上，使整个看样台面上的亮度十分均匀。另外，也有一些标准光源灯箱使用了“漫射”系统，即在灯管下方，安装遮光板，通过遮光板的光线会更加均匀地照射在看样台面上。四是色温（或相关色温），一般情况下，可以利用采光充分的北窗下日光作为照明光源，因为，北窗下日光是经过散射形成的，日光均匀，柔和稳定，没有直射的日光，色温基本接近5000～6500K，显色性非常好。

（2）照明条件

① 反射样品照明条件。用于观察反射样品（反射原稿和复制品）所采用的参照照明体CIE标准照明体D_{65}，所用人工光源为D_{65}的模拟体。用于观察反射样品的光源应在观察面上产生均匀的漫射光照明，照度范围为500～1500lx，视被观察样品的明度而定。观察面不应有照度突变，照度的均匀度不小于80％。

② 透射样品的照明条件。观察透射样品所采用的参照照明体为CIE标准照明体D_{50}，所用人工光源为D_{50}的模拟体。光源应均匀漫射照明观察面，使观察面的亮度为（1000±250）cd/m^2。在观察面上不应看到光源的轮廓或有亮度突变，亮度的均匀度应不小于80％。

（3）观察条件

① 观察反射样品。观察反射样品时，光源应与样品表面垂直，观察者的角度与样品表面法线成45°夹角，对应于0/45照明观察条件，如图1-6所示，这种条件可以避免灯光的镜面反射光进入观察者的眼睛，引起耀眼的不良效果，当印刷品表面光泽度较高时，镜面反射强，产生耀眼的光斑，可以适当调整观察的角度，避开耀眼的光。另外一种观察条件是用与样品表面法线成45°角的光源照明，观察者垂直样品表面观察，对应于45/0的照明观察条件好，如图1-7所示。这种方法不如0/45照明观察条件好，因为此时光源到观察面的距离不等，有可能产生照明不均匀的情况，因此，如果用此种方法，必须确保观察面照度的均匀度不小于80％。

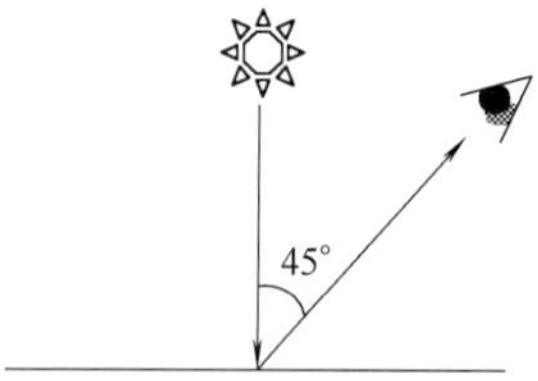

图1-6 0/45照明观察条件

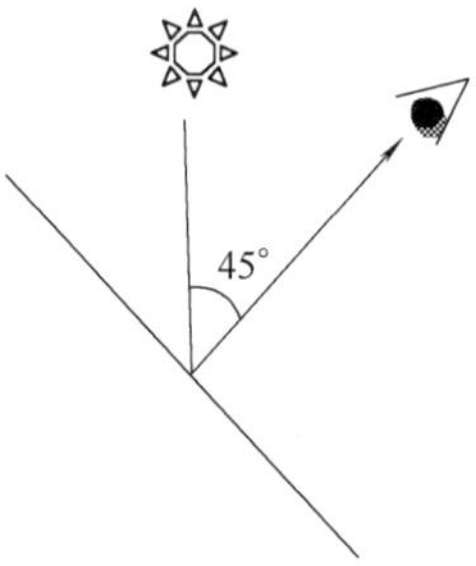

图1-7 45/0照明观察条件

② 观察透射样品。观察透射样品时，透射样品应由来自背后的均匀漫射光照明，在垂直于样品的表面观察。观察时应尽量将样品置于照明面的中部，使其至少在三个边以外有50mm宽的被照明边界。当所观察透射样品的面积总和小于70mm×70mm时，应适当减小被照明边界的宽度，使边界面积不超过样品面积的4倍，多余部分用灰色不透明的挡光材料遮盖，如图1-8所示，这样做的原因是可以保证形成合适的样品边界和背景色，避免照明光对眼睛的影响，因为通常透射原稿的面积都比较小，放在灯箱上观察时会有很大的空白照明面，在其周围形成很亮的背景。周围过多的亮边会对观察者的眼睛产生很大的

影响，造成观察误差。被照明边界被透射密度为（1.0±0.1）D的透射漫射材料遮盖，就形成了灰色背景，遮盖材料颜色与中性灰的偏差△C应小于0.008。

（4）观察条件的环境色和背景色 印刷行业标准CY/T3 1999《色评价照明和观察条件》中规定观察反射样品时的背景应是无光泽的孟塞尔明度值是在N5/～N7，彩度值一般小于0.3。如果观察面周围的墙壁和地面不符合上述要求，则应用符合上述要求的挡板将样品围起来，或者使用环境反射光，在观察面上产生的照度小于100lx。观察反射样品时的背景应是无光泽的孟塞尔颜色N5/～N7/，3彩度值一般小于0.3，对于配色等要求较高的场合，彩度值应小于0.2。

图1-8 观察透射样品时背景光的处理

三、物体的呈色

1. 彩色物体与选择性吸收

当白光照射在物体上时，物体对不同波长的光具有不同的吸收率，对某些波长的光吸收多些，对另一些吸收少些，这种吸收称为选择性吸收。具有选择性吸收的物体呈现彩色，因为经过选择性吸收以后，其反射或透射的光与入射光比较，不仅能量上有所减弱，光谱成分也发生了改变。彩色物体吸收补色光，反射本色光。由于选择性吸收了某些光谱和选择性反射某些光谱，因此，反射光谱的成分决定了彩色物体呈现的颜色。同时，反射光强降低，使物体色比光源色灰暗一些，亮度有所减弱。如图1-9所示，白光照射到红色物体上，红色物体选择性吸收了白光中的绿光和蓝光，反射了红光，所以呈现出红色。

物体本身没色彩，光才是色彩的来源。如图1-10所示，红色物体表面用绿光照射，那么会呈现黑色，因为绿光波长的辐射被全部吸收了，所以物体在不同光谱组成的光照射下，会呈现不同的色彩。可以这样认为，一切物体本身都是无色的，只是由于它们对光谱中不同波长光的选择性吸收，才决定了它的颜色。无光则无色，是光赋予了大千世界五彩缤纷的色彩。

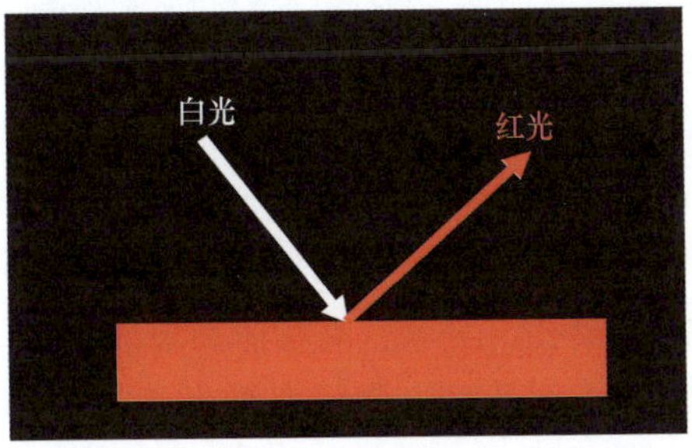

图1-9 彩色与选择性吸收

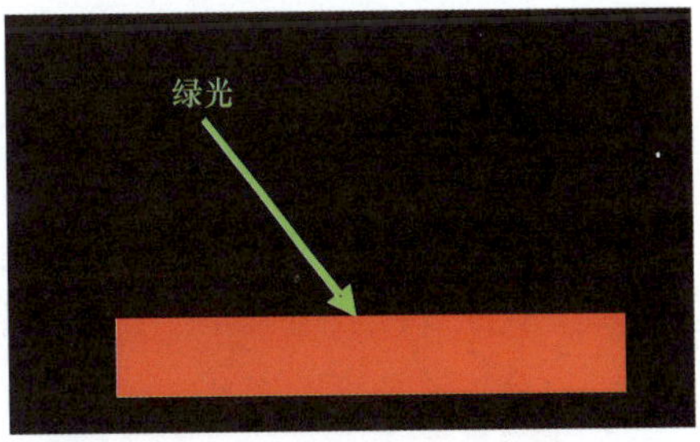

图1-10 绿光照射红色物体

2. 消色物体与非选择性吸收

若一个物体表面对投射到它上面的白光的各波段的辐射能做等比例吸收，而反射或透射光谱组成比例不会改变，这种吸收称为非选择性吸收。该物体表面就呈现出白色、灰色（或消色），若全部吸收就是黑色。随着吸收比例的不同，物体在日光下将呈现从白色、各种灰色到黑色的一系列中性颜色，这一系列的颜色称为消色。呈现消色的物体就称为消色物体，如图 1-11 所示。

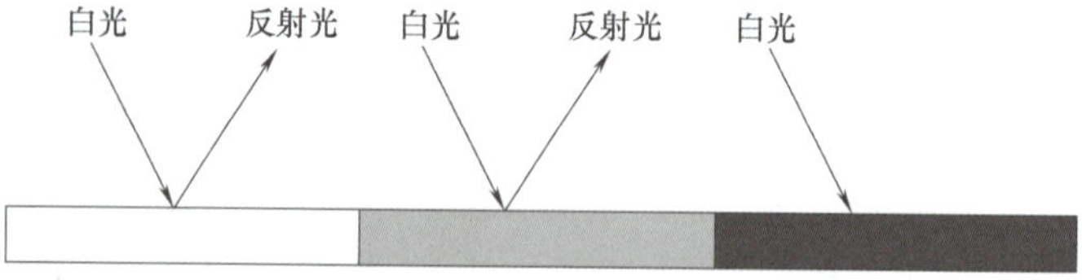

图 1-11 消色与非选择性吸收

当白光照射消色物体时，反射或透射各原色光光量均相等，所以给人以消色的感觉。当光照射到消色物体上时，各种波长的光被等量吸收，而反射或透射的光谱成分与入射光相同，只是它们比入射光弱一些。通常，光谱反射率在 10%以下的为黑色，反射率从 10%～75%为不同程度的灰色，反射率大于 75%的物体就感觉为白色。消色物体具有非选择吸收光谱的特性，在色光的照射下可以呈现出不同明度的与色光相同的色调来。

四、眼睛

1. 眼睛的结构

可见光辐射刺激人眼产生颜色视觉。人眼担负着成像和感觉两大作用，是颜色视觉产生的第三大要素。眼睛是人的视觉器官，由眼球和眼的附属器官组成，主要部分是眼球。眼球包括眼球壁、眼内腔和内容物、神经、血管等组织。如图 1-12 所示，眼球壁主要分为外、中、内三层。眼球外层起维持眼球形状和保护眼内组织的作用，外层由角膜、巩膜组成，又称为纤维层膜层，前 1/6 为透明的角膜，其余 5/6 为白色的巩膜，俗称“眼白”。角膜是接收信息的最前哨入口。巩膜为致密的胶原纤维结构，不透明，呈乳白色，质地坚韧。中层又称葡萄膜、色素膜，具有丰富的色素和血管，包括虹膜、睫状体和脉络膜三部分。内层为视网膜，是一层透明的膜，也是视觉形成的神经信息传递的第一站。

当我们注视物体时，物体所反射（透射）的光进入人眼，在角膜、房水、晶状体、玻璃体的作用下，成像与视网膜上，视细胞接受光刺激将其转化为神经冲动信号，信号静神神经进入大脑内的视觉中枢，经过判断后产生物体颜色、明暗、形状、大小等视觉感受。因此，从视觉功能的角度看，整个眼球主要可分为屈光、控制和感光系统三个部分。

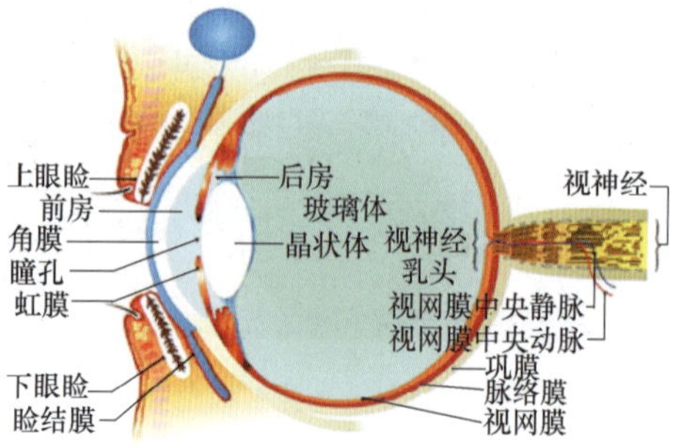

图 1-12 眼球横切面图

（1）屈光系统　屈光系统的作用是将远近不同的物体清晰地成像在视网膜上。它包括角膜、瞳孔、房水、晶状体和玻璃体。

（2）控制系统　眼睛有曝光量控制和焦距控制两个最基本的控制功能。曝光量的控制功能主要由瞳孔实现，可以随光线明暗自动在 2～8mm 之间调节大小，控制进入眼睛的光通量。成像焦距由晶状体的形状变化来实现，晶状体由睫状肌支撑，通过睫状肌的收缩和松弛可以调节晶状体的曲率半径，从而可以在一定范围内改变屈光度，使远近不同的物体在视网膜上得到清晰的成像。

（3）感光系统　人眼的感光系统由视网膜组成，视网膜主要由三层细胞构成。最外层是视细胞层，主要包括视锥细胞和视杆细胞，视锥细胞感光灵敏度低，只能在明亮条件下发挥作用，具有精细分辨力，能很好地分辨颜色与细节，长度为 28～58μm，直径为 2.5～7.5μm，数量 700 万个。人眼的视杆细胞一般只有一种感光色素。视杆细胞感光灵敏度低，只能在明亮条件下发挥作用，具有精细分辨力，能很好地分辨颜色与细节，长度为 40～60μm，直径为 2μm，数量 13000 万个。中间层为双极细胞层，起到连接视细胞与神经节细胞的作用。

2. 明视觉和暗视觉

视锥细胞与视神经是一对一连接的。它对光的敏感性小，必须在一定的光照条件下，才能够充分辨别物体的颜色和细节。当光线暗淡时，它就会失去工作能力，人们便无法感受到物体的细节和色彩，而只有明暗的感觉。视锥细胞只有在亮度达到一定水平时才能被激发起来，因此，把这种在明亮条件下产生的视觉叫做明视觉。在光亮条件下主要是明视觉占主导作用。

人眼视杆细胞形状细长，往往几十个连在一起向视神经输送信息。它对光的敏感性很高，在光线很弱的情况下，它都能有所感受。但是，它只能反映光的亮度差异，却不能分辨物体的细节和颜色。因此，在较暗的环境下，人眼的视杆细胞起作用，只有明暗感觉，只能分辨物体的形状和运动，不能分辨物体的细节和颜色，称为暗视觉。在黑暗条件下主要是暗视觉占主导作用。

在光亮条件下，具有明视觉的眼睛可能看到可见谱上不同明暗的各种色彩。当光亮减弱到一定程度时，人眼依靠暗视觉来分辨物体，只是暗视觉的眼睛感觉不到各种颜色，而只能感觉到物体的不同明暗，并依据明暗的层次来区分不同的物体。因此明视觉与暗视觉被称为视觉器官的两重功能。视觉正常的人由明亮的环境到黑暗的环境时，视锥细胞与视杆细胞会自动完成功能的交换，使人眼不论在什么情况下均能分辨出物体。

五、颜色视觉理论

前面介绍了颜色视觉产生的过程，光源（包括太阳光与各种人工光源）发出的光照在物体表面经过物体对光选择性地吸收，反射或透射之后作用于人眼，由人眼内视细胞将光刺激转换为神经冲动由视神经传入大脑，由大脑判断出该物体的颜色。但是人们的视觉系统是如何产生颜色感觉的呢？目前，关于颜色视觉的形成理论有多种说法，但比较有影响的是杨-赫姆霍尔兹的三色学说和赫林的四色学说，这两种学说都能够解释大量的颜色视觉现象，但也都存在着不足，因此，在这两种常说的基础上，产生了一种相对完善的理论，叫阶段学说，下面我们一起来看看。

1. 三色学说

1802 年，英国的医学、物理学家托马斯·杨（T. Young）提出，虽然人眼能分辨出自然界中的所有可见光，但是，人的视网膜上不可能有那么多的视神经种类。人的视网膜上只有三种视觉神经纤维，分别是感红、感绿、感蓝三种基本视觉神经纤维。在此基础上，德国生理、物理学家赫姆霍尔兹补充认为，这三种视神经末梢分别含有对不同色光敏感的光敏细胞，即有感红细胞、感绿和感蓝细胞，分别对可见光谱中的红、绿、蓝最敏感。这三种细胞在光的刺激下产生兴奋，并分别将这种兴奋转换成各自视神经所固有的特殊能量传送到大脑，在大脑中分别形成红色感觉、绿色感觉和蓝色感觉，最后综融合成综合的、完整的色觉。视网膜上的三种感色神经对所有的可见光均敏感，只是感红神经、感绿神经、感蓝神经分别对光谱中的红色光、绿色光和蓝色光最为敏感。当绿光刺激人眼时，感红神经和感蓝神经同样兴奋，只是没有感绿神经兴奋度强烈，所以引起绿色的感觉。白光作用于人眼时，三种神经的兴奋程度一样，则产生白色的感觉。如果是一种混合色，则它是三种神经按不同比例兴奋的结果。对任一波长，感红神经纤维、感绿神经纤维和感蓝神经纤维都有一定的兴奋程度，只不过各纤维各自的最大兴奋点有所不同，这就是三色学说。

三色学说的优势是能够充分说明各种颜色的混合现象及颜色混合色是三种感色细胞按特定比例兴奋的结果。因此三色学说是色彩学中颜色测量和颜色计算的理论基础。彩色印刷、彩色摄影及彩色电视等都是在三色学说基础上建立的。

三色学说能够很好地解释负后像现象。负后像是神经疲劳的结果。当眼睛注视某一颜色一段时间后，该颜色感色细胞被激起活动，当眼睛转到另一个中性灰色背景时，该感色细胞因过度疲劳不再发生反应，而其他两个感色细胞仍能对白光中其他二色起反应，所以得到该颜色的补色，这种现象称为负后像。

三色学说能够解释颜色的对比效应。人在观察物体时并不是一直注视某一点不动，而是视线不断地在附近转来转去。当观察一个蓝、白相间的邻近区域时，感蓝视觉神经更为疲劳，从而降低蓝色的灵敏度，送出的信息中蓝色成分少，而在白色区域就看到了蓝色的补色。

三色学说也有一些不足之处，它不能很好地解释色盲现象。对于色盲现象，三色学说认为是因为人的视觉器官缺少一种颜色纤维而造成单色盲，同时缺少三种感色纤维而造成全色盲。如按此说法，应该有三种色盲，分别是红色盲、绿色盲和蓝色盲，并且它们可以单独存在，但事实上几乎所有的红色盲同时也是绿色盲，即红绿色盲。三色学说认为，只有三种感色神经同时兴奋时，才能产生白色和灰色的感觉，而色盲都既然缺乏一种或三种神经，他们是不可能有白色感觉的，而事实上色盲者是能够看到白色的。按照三色学说理论，红绿色盲是因为没有感红神经纤维和感绿神经纤维，所以由这两种神经产生的黄色的感觉也应是不存在的，事实上，红绿色盲对黄色感觉却是正常的。

另外，三色学说不能很好地解释颜色为什么会存在补色以及颜色适应的现象，这些现象说明了三色学说有其不完善的地方，因此就出现了四色学说。

2. 四色学说

四色学说也叫作“对立色理论”学说。1878 年，赫林提出了“对立色理论”学说，假设在视觉机构中的感光细胞存在红—绿视素、黄—蓝视素、黑—白视素，这三种视素的代谢作用包括建设（同化）和破坏（异化）两种对立的过程。白光刺激时，黑—白视素破坏，引起神经冲动产生白色的感觉；而无光刺激时，黑—白视素重新建设起来，所以引起的神经冲动产生黑色的感觉。对于红—绿视素，红光起破坏作用，绿光起建设作用。对于黄—蓝视素，黄光起破坏作用，蓝光起建设作用，具体内容如表 1-2 所示。因为各种颜色都有一定的亮度，也就是都含有白光的成分，所以每一种颜色不仅影响本身的视素活动，而且也影响黑—白视素的活动。

表 1-2　对立学说的视素以及对应的感觉

感光化学视素	视网膜过程	感觉	感光化学视素	视网膜过程	感觉
白—黑	破坏	白	红—绿	建设	绿
	建设	黑	黄—蓝	破坏	黄
红—绿	破坏	红		建设	蓝

四色学说的优势是能够很好地解释各种颜色感觉和颜色混合现象。当两种颜色为对立色时，混合时则得到白色。这是因为它们对某一对视素的两种对立过程形成平衡的结果，故不产生与该种视素有关的视觉，而当所有的颜色同时作用于各种视素时，红—绿、黄—蓝视素的对立过程都达到平衡，只有黑—白视素活动，因而引起白色或灰色的感觉。

四色学说能够很好的解释色盲现象。色盲是由于缺乏一对视素或两对视素的结果。如果缺乏红—绿视素，则是红绿色盲，如果两对彩色视素均不存在，则是全色盲。

四色学说能够解释负后像现象。负后像是因为当某一色彩刺激停止时，与该色彩相关的视素的对立过程开始活动，因而产生该色的对立色，即补色。对于同时颜色对比，当视网膜正发生某一对视素的破坏作用，其相邻部分便会发生建设作用，而引起同时颜色对比现象。

四色学说最大的遗憾是对于红、绿、蓝三原色能够产生所有光谱色彩的现象无法得到满意的解释。因此，四色学说也存在不完善的。

3. 阶段学说

三色学说和四色学说对立了近一个世纪。近 30 年，由于新型实验材料的出现，人们对这两个学说有了更进一步的认识，逐步统一起来发展成为颜色视觉的阶段学说理论。阶段学说理论是颜色视觉理论的近代发展。

阶段学说最早是由姆勒和乍德提出的。他们认为在视网膜上确实存在三种不同的颜色感受器，它们是三种感色的视锥细胞，分别对应着不同的光谱敏感性。同时在对视神经传导通路的研究中发现，视神经系统中可以发出三种反应，即光反应、红—绿反应和黄—蓝反应。因此可以认为，视网膜上的视锥细胞是一个三色系统，而在视觉信息向大脑皮层视觉中枢传导中则变成了四色机制。

颜色视觉的形成过程可分为两个阶段，如图 1-13 所示。第一阶段，当光线进入人眼视网膜时，三种独立的视锥细胞中的感色物质会选择吸收不同波长光谱的辐射，同时每一种视锥细胞根据光刺激量又可独自产生明度（黑—白）与色彩（红、绿、蓝）的反应。这一阶段符合三色学说理论。第二阶段，在神经兴奋由视锥细胞向视神经细胞传递过程中，这三种反应重新组合，形成三对对立性的神经反应，即红—绿反应、黑—白反应、黄—蓝反应。颜色视觉过程的这种设想称为阶段学说。阶段学说将两个古老的、对立的学说统一了起来，可以更加完美地解释各

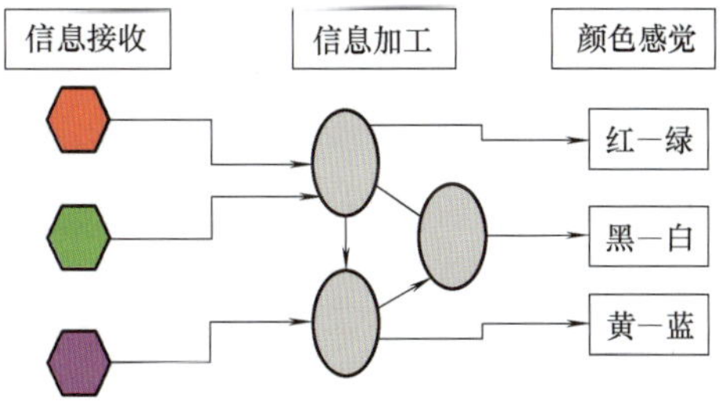

图 1-13　阶段学说

种颜色视觉现象。

课后练习

1. 说一下颜色的形成过程。
2. 实际生产对印刷光源有什么要求？

项目二 颜色混合

知识目标

1. 了解色光、色料三原色，掌握色光加色混合、色料减色混合。
2. 熟悉色光混合的类型及色光混合的实质。
3. 熟悉色料混合的类型及色料混合的实质。
4. 掌握色光、色料混合的规律。
5. 掌握加色法与减色法的关系。

能力目标

1. 能够在工作中合理地利用色光混合的规律。
2. 能在调墨时正确选择原色油墨及运用色料混合规律。
3. 能根据样张，判断印品的偏色及选择解决的办法。

学习任务 1　色光混合

任务描述

1. 利用 Photoshp 软件，按照要求，在矩形框及椭圆框区域填充相应的颜色。

色光的三原色：

红色光和绿色光的等比例混合：
R(255)+G(255)=
R(200)+G(200)=
R(150)+G(150)=
R(100)+G(100)=
R(50)+G(50)=
R(0)+G(0)=

三种色光的等量混合：
R(255)+G(255)+B(255)=
R(200)+G(200)+B(200)=
R(150)+G(150)+B(150)=
R(100)+G(100)+B(100)=
R(50)+G(50)+B(50)=
R(0)+G(0)+B(0)=

不等量混合（以红色光和绿色光为例）：
R(255)+G(255)=
R(255)+G(200)=
R(255)+G(150)=
R(255)+G(100)=
R(255)+G(50)=
R(255)+G(0)=

不等量混合（以绿色光和蓝色光为例）：
G(0)+B(250)=
G(50)+B(200)=
G(100)+B(150)=
G(150)+B(100)=
G(200)+B(50)=
G(250)+B(0)=

互补色的混合：
R 和 C 的混合　M 和 Y 的混合　M 和 C 的混合

2. 利用 ColorMatching 软件，模拟色光的混合。

颜色是可以混合的，在日常生活及生产中，经常会有颜色混合的情况发生。比如：画水彩水粉画、大型晚会舞台灯光、纺织印染、印刷复制等。不同颜色的光的混合称为色光混合。颜料、染料、油漆、油墨、涂料的混合称为色料的混合。

把两种或两种以上的色光混合在一起而形成另一种色光的过程称为色光的混合。色光的混合可以是由光源发出的可见色光的混合，也可以是色料反射出的光之间的混合。从视觉的角度看，色光的混合是由于不同颜色的色光或色料的反射光在短时间内刺激人的视网膜而产生的一种新的混合色效果。对人眼来说，要产生颜色视觉，最终都是色光混合的结果。因为对颜色物体来说，其颜色是由物体进行选择性吸收后，反射光源的光得到的。

在介绍色光混合前，先介绍几个名词，原色是用配制其他不同颜色用的基本色，如色光三原色红光、绿光、蓝光。色料三原色黄色、品红色、青色。由两种原色混合配制的混合色称为间色，如黄光、青色光。复色是由原色与间色混合，或由两种间色混合产生的颜色。两种色料混合后，呈现黑色或者是两种色光混合后呈白光，则称这两种颜色互为补色，如红色和青色、黄色和蓝色。

一、色光三原色

在项目一中我们提到过白色的太阳光经过三棱镜折射后，便形成一条由七种颜色组成的光谱。可见光谱中占据面积最大的是蓝紫（B，420～470nm）、绿（G，500～570nm）、红（R，630～700nm）三种颜色的光。通过大量实验发现，如果选择红、绿、蓝三种色光以不同比例混合，几乎可以得到自然界中的各种色彩，而这三种色光本身各自独立，即其中任何一种色光都不能由其余两种色光混合产生，所以称红、绿、蓝为色光三原色。

从生理上讲，人的视觉中枢之所以感觉到颜色，是由于外界光的辐射作用于眼睛以及人眼的视觉特性（视锥和视杆细胞），视锥细胞有感红、感绿、感蓝三种视素，因此选择“适当”的红、绿、蓝光便可以匹配出自然界的各种颜色。因此，从生理角度上讲，红、绿、蓝色光为色光三原色。

光谱中的红、绿、蓝紫光范围很大，但作为原色光应该是严格的单色光。经过科学家的反复实践，国际照明委员会（CIE）1931 年制定出色光三原色的波长是红光（R）700nm、绿光（G）546.1nm、蓝光（B）435.8nm，这样正式将三原色光确定下来。

二、色光的混合

由两种或两种以上色光混合在一起而呈现另一种色光的效果称为色光加色混合。把红、绿、蓝三色光分别用 R、G、B 来表示，黄、品红、青三色光分别用 Y、M、C 来表示。如图 2-1 是色光加色混合图，当等量 R、G、B 三色光相混合（相加）时，可以得到不同的颜色，其混合规律 R+G=Y，B+R=M，B+G=C，R+G+B=W。

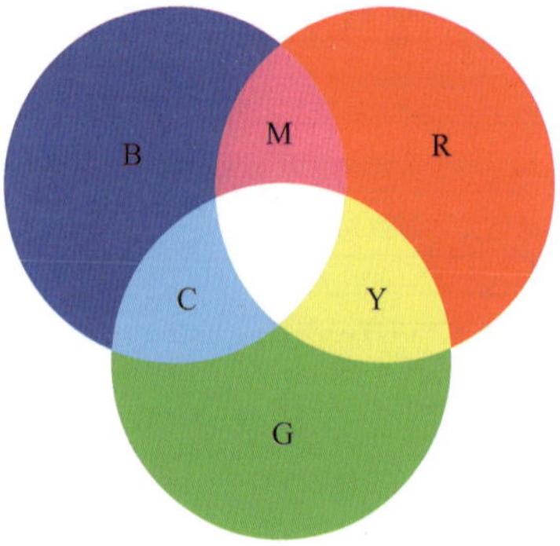

图 2-1 色光加色混合图

图 2-1 中，R+C=W，G+M=W，B+Y=W，这种物理现象称为补色现象，即 C 与 R，G 与 M，B

与 Y 互为补色。如果将互补色按不同比例混合，可以得到一种新的混合色。例如将绿色光和品红色光以不同比例混合则可以得到不同饱和度的浅绿色光或浅品红色光。由两种原色光混合得到的间色光，它们的明度虽增大，但鲜艳程度较原色来说有所下降。由三种原色或一种间色和一种原色混合得到的复色的鲜艳程度将更低。

了解色光三原色及色光混合的原理，对于理解色彩的显示及色彩处理有非常重要的意义。比如电脑显示器是利用色光三原色的原理，通过观察屏幕上显示处理的图像，可以确定色彩有哪几种原色合成的及各合成色的比例，同时还可以按照要求依据三原色来合成不同的色彩效果，为完成图像及图形色彩的处理提供必备的知识。

三、色光混合的类型

色光的混合按色光的来源不同可以分为两类：色光直接混合和色光间接混合。前者是由光源发出的光直接混合，后者是指由物体反射出的色光的混合。

1. 色光直接混合

不同颜色的色光在眼睛之外的空间进行混合，形成的混合光进入人眼，此时看到的就是混合后颜色刺激形成的颜色感觉，此种混合方式称为色光直接混合，又称为视觉器官以外的色光混合。这种混合方式不依赖于视觉器官去进行混合，而是在达到视觉感受器官之前已经完成了色光混合方式。比如，要想在屏幕上投射出黄色背景，可以将红色光和绿色光同时投射到屏幕上，色光在屏幕上混合后，眼睛在屏幕上看到的就是混合后的黄色背景，而不需要人眼去将红色和绿色混合在一起，如图 2-2 所示。

2. 色光间接混合

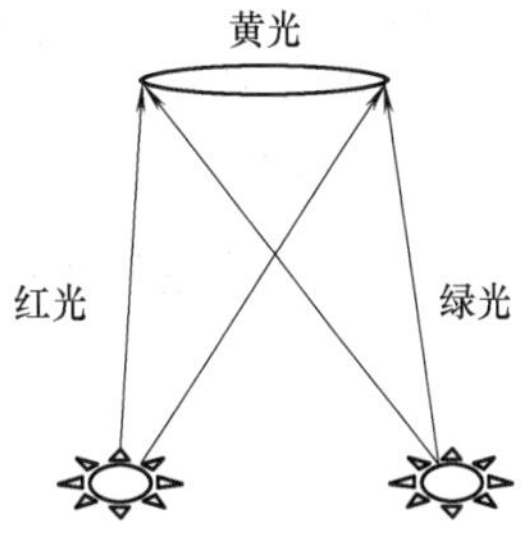

图 2-2　色光直接混合

色光间接混合又称为色光反射混合，它是在人的视觉器官内进行的，分为色光静态混合和色光动态混合两种形式。

在一平面上有不同的色块，当这些色块的面积很小或距离观察者很远时，它们的反射光就投射到人眼视网膜的同一部分，从而产生新色调，即由于人眼无法分辨静态颜色之间的界限，反射的色光同时作用于人眼内的三种感色细胞时，就会产生一种综合的色觉。这种现象称为色光的静态混合（空间混合或并列混合）。例如：印刷品的网点呈色现象、彩色电视机的呈色现象。彩色电视的荧光屏上发出红、绿、蓝三色荧光粉，荧光粉的发光点很小，空中三种荧光粉发光的强弱比例，就产生各种不同的颜色，如图 2-3 所示。彩色印刷品上各种各样的颜色实际都是黄、品、青、黑四色油墨以非常小的网点产生的，每一种颜色的油墨网点在照明光的作用下形成各自特有的颜色小光点，其作用就类似于彩色电视荧光粉，用各颜色油墨网点的不同比例混合出各种不同的颜色，如图 2-4 所示。

由于人眼的视觉生理特征是视觉可以暂留 1/10s，所以当两种以上的色光交替地作用于人的视觉器官时，会产生综合的色觉，此过程称为色彩相继混合，也称为色彩的时间混合。例如：旋转的陀螺、电影、颜色混色盘。如图 2-5 所示，混色盘分为几个扇区，每个扇区为一种原色，调整各扇区的大小，就可以改变原色的比例，其中灰色用来改变混合色的明度和彩度。当原盘高速旋转时就会看到由几种颜色混合出来的混合色，混合色取决于

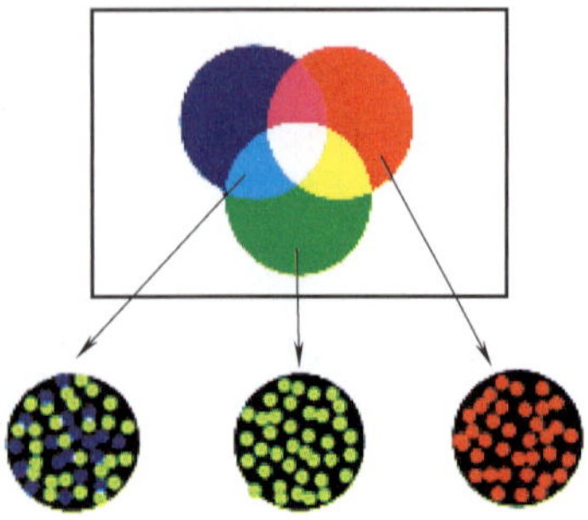

图 2-3 荧光粉的静态混合

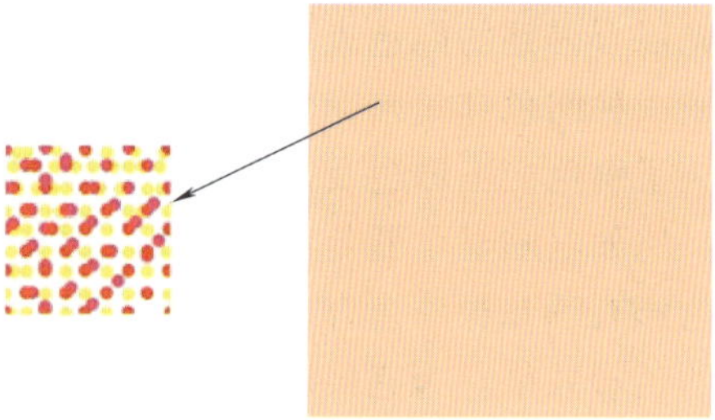

图 2-4 印刷品的网点的静态混合

各颜色刺激之间的强度比例或面积比例，调整红、绿、蓝三原色的扇区比例大小，就可以改变混合色的结果。

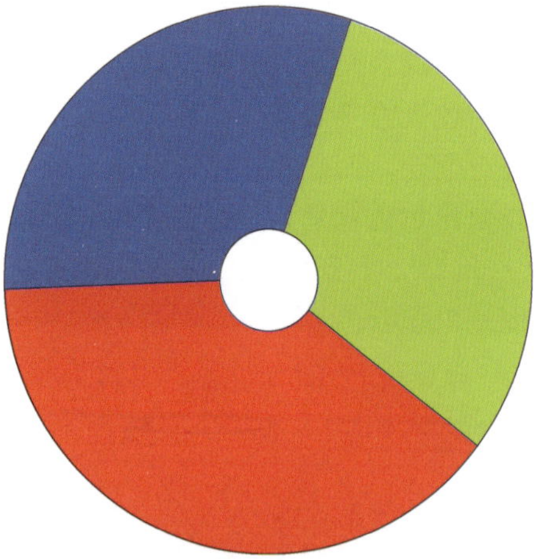

图 2-5 混色盘

四、色光混合的实质

色光直接混合时产生新色光的能量是参加混合的各色光的能量之和，因此，色光混合的实质是色光相加，能量增加，越加越亮。

五、色光的混合规律

1. 色光连续变化规律

由两个成分组成的混合色中，如果一个成分连续地变化，混合色的外貌也连续地变化。可以通过色光的不等量混合实验观察到这种混合色的连续变化。红光和绿光混合形成黄光，若绿光不变，改变红光的强度使其逐渐减弱，可以看到混合色由黄变绿的各种过渡色彩，反之，若红光不变，改变绿色的强度使其逐渐减弱，可以看到混合色由黄变红的各种过渡色彩。

2. 补色律

每一个色光都有一个相应的补色光，如果某一色光与其补色光以适当的比例混合，便产生白光，如果两色光按其他比例混合，便得到近似比重大的色光。最基本的补色光有三对，红—青，绿—品红，蓝—黄。

3. 中间色律

任何两种非补色光相混合，便产生中间色，其颜色取决于两种色光的相对能量数量，其鲜艳程度取决于两者在色相顺序上的远近，近则更鲜艳。

4. 代替律

颜色外貌相同的光，不管它们的光谱组成是否一样，在颜色混合中具有相同的效果，即凡是在视觉上相同的颜色都是等效的。如果颜色 A＝颜色 B；颜色 C＝颜色 D，那么：颜色 A＋颜色 C＝颜色 B＋颜色 D。

色光混合的代替律表明，只要在感觉上颜色是相似的便可以互相代替，所得到的视觉效果是同样的。设 A+B=C，且 X+Y=B，则 A+X+Y=C。由代替律产生的混合色光与原来的混合色光在视觉上具有相同的效果。色光混合的代替律非常重要，根据代替律，可以利用色光相加的方法产生或代替各种所需要的色光，色光的代替律，更加明确了同色异谱色的应用意义。

5. 亮度相加定律

由几种色光混合组成的混合色的总亮度等于组成混合色的各种色光的亮度总和。这一定律叫做色光亮度相加定律。这是因为色光相加，新色光的能量是参与混合的色光的能量总和，由于能量的增加，新色光的亮度提高。

学习任务 2 色料的混合

任务描述

1. 将青色料和品红色料等量混合后，填充到空白方块中。其中左边的方块涂抹得薄一些，右边的方块涂抹得厚一些，观察两块区域的区别。

墨层薄		墨层厚	

2. 品红色料不变，不断增加青色料的量，依次填充五个色块，观察色块间的区别。

色料是指那些不同波长的可见光进行选择性吸收后而呈现出各种不同色彩颜料或染料类物质。颜料和染料统称为色料，但是它们之间又具有不同的属性。染料一般能够溶解于水、油、乙醇等溶剂中，能够对纤维或其他物质进行染色，多用于纺织行业中的印染工业。而颜料一般是在溶剂中不能溶解的有色物质，如绘画用的水粉和水彩、建筑装修用的各色油漆涂料、印刷油墨。如果将色料进行混合，同样也能得到一种新的混合颜色，这种颜料或染料合在一起得到新颜色的方式称为色料的混合。

一、色料三原色

无论绘画还是印刷，都不可能把所能观察到的所有色彩以颜料的形式准备出来，而是选择一部分常用色作为基本的色料贮备，其他颜色可以通过用基本色混合的方式得到。在印刷工业中，通常只用黄（Y）、品红（M）、青色（C）和黑色（K）色作为印刷复制的基本色，其他的颜色由 Y、M、C 三色油墨以不同比例混合得到，这使得印刷再现复杂色成为可能。由于 Y、M、C 这三种色料两者或三者混合可以得到几乎所有的颜色，因此，把 Y、M、C 三种颜色叫做色料三原色。

Y、M、C 三原色以不同比例混合可以得到各种颜色，但是色料三原色不能由其他色料混合得到。若将色料三原色 Y、M、C 两两混合，可以得到 R、G、B 及其他不同颜色的间色。若将三原色同时混合就变成黑色或灰色。

在理想状态下，白光照射到色料三原色，三原色应该是只吸收一种色光而反射另外两种色光，两种被反射出的光共同构成了色料的颜色。如图 2-6 所示，横坐标表示可见光波长，纵坐标表示色样对三原色光的反射率，黑色实线为理想状态下的反射光谱曲线。理想的品红色料完全反射色光三原色中的红光和蓝光，而完全吸收色光三原色绿光，呈现出红光与蓝光混合以后的效果，即品红色，这种呈色现象相当于从色光三原色中减去了绿光，只反射红光和蓝光。

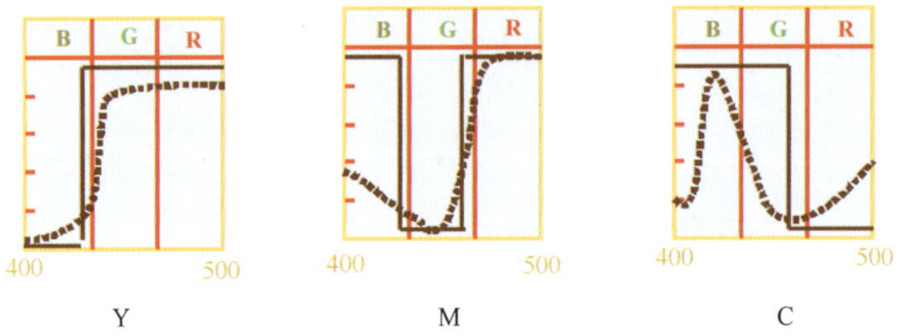

图 2-6　色料三原色反射光谱曲线

但是，理想的色料三原色是不存在的，在实际的三原色色料中，由于色料制作工艺以及原材料不纯净等原因，一种色料中往往混有其他两种色料的成分。品红色料中混有黄色料和青色料的成分，黄色料中混有品红色料和青色料的成分，青色料中又混有黄色料和品红色料的成分。由于色料的不纯净，导致真实的三原色色料反射光谱曲线与理想曲线有较大的差别。图 2-6 中虚线表示色料三原色的实际反射光谱曲线。由曲线可知，它们对色光的反射和吸收都不完全，而是一种部分的反射和吸收。比如，黄色料并不是完全吸收蓝色光，完全反射红色光和绿色光，这样得到的色料与理想的色料相比，色相不正，亮度低，色彩的饱和度也低。因此，在实际印刷过程中，需要操作者对油墨的色彩给予适当的校正才能达到相对准确的色彩复制。

二、色料的混合

色料所表现出的颜色是由于该种色料对可见光中的一种或几种色光进行了吸收，将其余色光反射或透射，从而形成的一种混合色。从复合光中减去一种或几种单色光而得到另一种色光的效果，称为色料减色法。

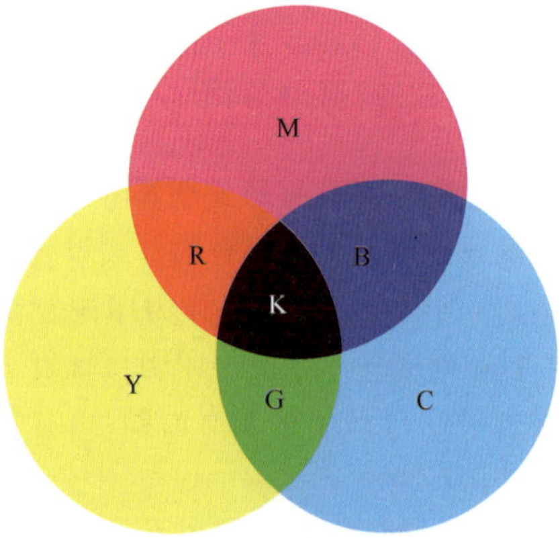

图 2-7　色料减色法示意图

色光的加色混合和色料的减色混合虽然都是得到所要的颜色，但是混合的机理完全不同。减色法中，每种原色对补色光的吸收程度决定着混合色的颜色。如果是三者混合，原色密度的变化决定着 R、G、B 三种出射光的多少，从而控制着混合颜料的呈色情况。图 2-7 是色料减色混合图，当等量的色料三原色两者或三者混合时，可以得到不同的颜色。M＋Y＝R，M＋C＝B，Y＋C＝G，Y＋M＋C＝K。

三原色两者之间不等量混合时，混合色的

颜色向着比例大的原色变化。如 M 与 Y 混合时，如果 Y 的含量多，M 的含量少，则得到的 R 是一个偏 Y 的 R，且随着 Y 量的增加其混合色偏 Y 的程度也就越大，反之，降低 Y 的比例直到为 0，则混合色的偏 M 程度越来越大，直到为纯 M。其他颜色的不等量混合也有同样的规律。

三、色料混合的实质

前面我们提到了色光加色法的实质是色光相加，能量增加，越加越亮。而减色法与加色法正好相反，是通过色料对光的选择吸收，减去一部分入射光，使其反射或透射的光能量降低。色料与色料混合，在呈现颜色时，各色料会分别减去各自吸收的色光，使混合色反射或透射的光能量下降，颜色变得更加暗淡。因此，色料减色混合对色光的能量是削弱，由于色光能量下降，使混合色明亮程度降低。减色混合的实质是色料相加越加越暗，最终将全部光谱成分全部吸收，得到所有颜色中最黑的颜色。

四、色料的混合规律

（1）任意两种原色混合，可以得到各种混合色，其颜色取决于两原色的含量比例。

（2）三种原色混合得到复色。三种原色不等量混合，其颜色是两种比例较大的原色的混合颜色，混合色的明度降低。

（3）两色混合后得到黑色或中性灰色，这两种颜色互为补色，如 M 和 G、Y 和 B、C 和 R。

（4）色料混合相当于扩大了其对光谱的吸收范围，所以混合色中用的原色越多，新颜色的亮度越低。

五、色光混合与色料混合的关系

色光是加色混合，色料是减色混合。加色法与减色法都是针对色光而言，加色法指的是色光相加，减色法指的是色光被减。加色法是色光混合成色的方法，色光混合后不仅颜色发生了变化，同时能量也发生了增加。减色法是色料混合成色的方法，色料混合后不仅形成新的颜色，同时亮度也降低了。比如把等量的红光与绿光混合，则得到明亮的黄色光；把等量的红色料与绿色料混合变成了暗淡的黄灰色，因此，加色法是指两种以上的色光同时刺激人的视神经而引起的色效应。减色法是指从白光或其他复色光中减去某些色光而得到另一种色光刺激的色效应。从互补关系来看，有三对基本的互补色，分别是红与青、绿与品红、蓝与黄。在色光加色法中，互补色相加，得到白色。在色料减色法中，互补色混合得到黑色。表 2-1 列出了减色法与加色法的关系。

表 2-1　减色法与加色法的关系

项　目	色光加色法	色料减色法
三原色	R、G、B	Y、M、C
成色基本规律	R+G=Y R+B=M G+B=C R+G+B=W	Y+M=R Y+C=G M+C=B Y+M+C=BK

续表

项　　目	色光加色法	色料减色法
实质	色光相加，光能量增大	色料混合，光能量减小
效果	明度增大	明度减小
成色方式	视觉器官外空间混合 静态混合 视觉器官内动态混合	色料混合（调和） 透明层叠合
补色关系	补色光相加，越加越亮	补色光相加，越加越暗
主要应用	彩色电视、显示器	绘画、摄影、印刷

课后练习

1. 色光加色法存在于生活中哪些方面？
2. 色光加色法与色料减色法有什么区别？

项目三 颜色视觉现象

知识目标

1. 掌握明适应、暗适应、颜色适应产生的条件。
2. 理解颜色对比出现的机制，以及明度、色相、彩度不同时产生的视觉效果。
3. 了解颜色的恒常性。
4. 了解色调的易见度。
5. 熟记颜色带来的心理感受。

能力目标

1. 能克服各种颜色视觉现象，对印刷品上的色彩做出正确的判断。
2. 能对看到的色彩做出分析，并能表达自己对色彩产生的心理感受。
3. 能用不同的颜色组合表达出相应的心理、情感。

学习任务1 颜色视觉

任务描述

结合相关知识，寻找生活中的亮度适应、颜色适应、颜色对比、颜色恒常性及易见度等颜色视觉案例。

颜色的形成是光源、物体、眼睛和大脑综合作用的结果，它遵循一定的自然物理规律，但是，还受到生理以及心理学规律的制约。同样的物理刺激在不同的条件下，如背景、观察者的心情等，观察到的颜色会有所区别，这是人类在长期的历史进化过程中所产生的适应性。颜色的呈现过程是一个复杂的过程。在这里，我们主要讨论颜色的适应性、颜色对比、颜色恒常性和色调的易见度。

一、颜色的适应性

由于光对眼睛的持续作用，从而使视觉感受性发生变化的现象称为颜色的适应性。颜色的适应性包括亮度适应和颜色适应。

1. 亮度适应

人们既能够在夏天中午强烈的阳光下工作，在灯光明亮的车间里观察物体，也能够在朦胧的月光或者微弱的灯光下观察物体，这是人眼的优越的功能。也就是说，人眼可以工作在照明条件相差较大的条件下。从人眼的结构中知道，当光线强烈时，瞳孔会缩小，减少进入眼睛的光线，反之，光线较弱时，瞳孔放大，增加进入眼睛的光线，这样通过生理上的调节，对光线的强度进行适应，从而就可以获得清晰的影像，这个过程称为亮度适应。亮度适应分为明适应和暗适应。

(1) 暗适应　当我们从明亮的阳光下走进已经开演的电影院时，开始时眼前一片漆黑，过了几分钟，能够隐隐约约看到观众的影子，十几分钟后，基本上能够适应了周围的环境，甚至还可以借助银幕上影像的微弱的光线看清椅子上的号码。这种光线由明变暗，人眼在黑暗中的感受性逐步增强的过程叫做暗适应（dark adaptation）。在暗适应的过程中，一方面虹膜中的瞳孔自动放大，由 2mm 逐步扩大到 8mm，使进入眼睛的光线增加数倍；另一方面，在黑暗中由锥体细胞视觉转变为杆体细胞视觉，即由明视觉转变为暗视觉，看不清物体的颜色和细节，只能够看清形状和运动。经测定，人眼在黑暗中的停留 15min 后，视觉感受性可比开始时提高数万倍。

红光只对锥体细胞起作用，对杆体细胞不起作用，所以红光不会阻碍杆体细胞的暗适应过程。在暗室工作的人员进出暗室时，如果戴上红色眼镜，从明亮的地方回到暗室时，就不需要重新暗适应，既节约了工作时间，又保护了眼睛。车辆的尾灯采用红灯也是有利于司机在夜晚行车时的暗适应。夜间飞机驾驶舱的仪表采用红光照明，既保证飞行员看清仪表，又能够保持视觉的暗适应状态。暗适应的工作过程如图 3-1 所示。

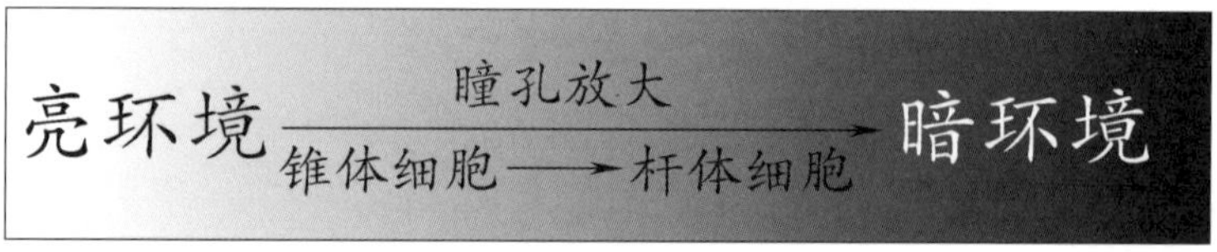

图 3-1　暗适应过程

(2) 明适应　在暗室工作了一段时间后，走到明亮的地方，最初会感到耀眼，什么也看不到，大约经过一分钟，视觉又恢复正常，这种当光线由暗转亮时，视网膜对光线刺激的感受性逐步降低的过程，称为明适应（light adaptation）。明适应是暗适应的逆过程，在明适应的过程中，瞳孔缩小，由 8mm 缩为最小 2mm，同时杆体细胞失去作用，锥体细胞开始工作，又能够看清物体的颜色和细节了。

人眼感光灵敏度的一般的变化规律是：感光灵敏度降低时快，即明适应需要的时间短，感光灵敏度提高时慢，即暗适应需要的时间长。明适应的工作过程如图 3-2 所示。

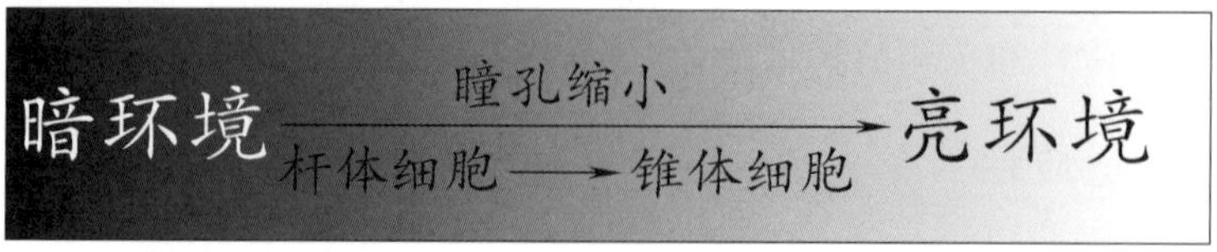

图 3-2　明适应过程

2. 颜色适应

如果我们在日光下观察一张纸，感觉这是一张白纸，将该纸拿到400瓦的白炽灯下，第一眼印象是纸张带有淡黄色，经过几分钟后，又觉得纸张不再发黄，仍然是白色的；再将该纸拿到日光下，开始时又觉得纸张是淡蓝色的，几分钟后又趋向于白色了。感觉纸张由淡黄色变为白色或由淡蓝色变为白色，所有的客观条件都没有改变，唯一改变的就是人眼的视觉。这种情况主要表现在当照明方式突然改变时，人眼会感觉到物体颜色的变化，但是经过一段时间之后，眼睛便习惯了新的光源，物体又重新显现出它原始的不失真的外貌。通常人眼适应一定的颜色刺激后，再观察另一种颜色时，后者的色彩会受到前者的影响，通常是带有前者的补色成分。我们将先看到的色光对后看到颜色的影响所造成的颜色视觉变化叫做颜色适应。

对于从事彩色印刷复制工作的人员来说，在观察颜色时，强调要保持最初的印象和新鲜感，并规定“夜不观色”，就是说不要在色温太低的光源下（图 3-3）研究色差，目的就在于消除由光源光色而产生的颜色适应的影响。

图 3-3　不同光源照明下的颜色效果

二、颜色对比

颜色对比是指两种或两种以上的色彩放在一起时，由于相互影响的作用显示出差别的现象。在我们的视觉中，可以说任何颜色都是在对比状态下存在的，或者是在相对条件下存在的。因为任何物态或者是一块颜色都不可能孤立地存在。它都是从整体中显现出来的；而我们的知觉也不可能单独地去感受某一种色，总是在大的整体中去感觉各个部分。

颜色对比有两种，一种是同时颜色对比，另一种是先后颜色对比。

1. 同时颜色对比

同时颜色对比，是指两种颜色同时呈现在视网膜上时所产生的对比现象。同时颜色对比分为明度对比、色相对比和彩度对比三种类型。

（1）明度对比　因明度差别而形成的颜色对比，称之为明度对比。同一灰度的正方形放在不同背景下所感受到的明暗程度是不相同的，同一朵鲜花在不同明度的背景下，所感受到的效果也不相同，这就是明度对比产生的不同效应（如图 3-4 所示）。在书刊印刷中，文字之所以用黑墨印刷，就是因为黑字与白纸放在一起，明暗对比鲜明、清晰醒目，便于阅读。

（2）色相对比　因色相的差别而形成的颜色对比叫色相对比。将几片同样大小、同样颜色的灰纸放在不同的背景上，在绿背景上灰色会带有红色的感觉，而在蓝背景上则会有

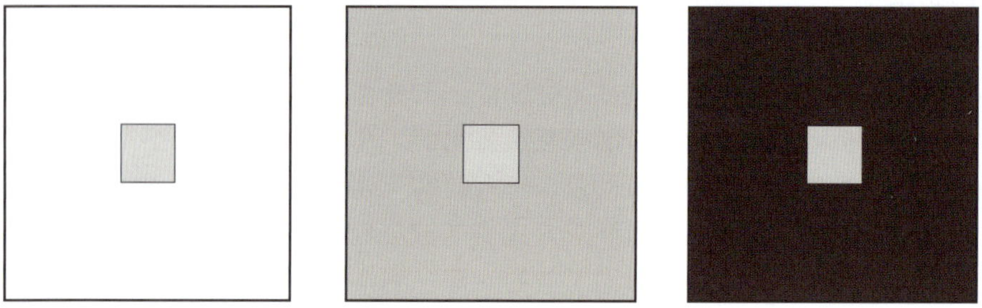

图 3-4　明度对比

黄色的感觉（如图 3-5 所示）。如果是两种反差相当大的彩色放在一起，则两种颜色的对比会特别强烈，好像各自的颜色都比以前变深了（如图 3-6 所示）。这就是色相对比产生的不同效应。通过大量的科学实验，总结出这样的结论：当两种颜色放在一起时，人的视觉会感到一颜色向另一颜色的补色方向变化。例如红花绿叶搭配在一起，会感到花儿更艳，绿色更浓。

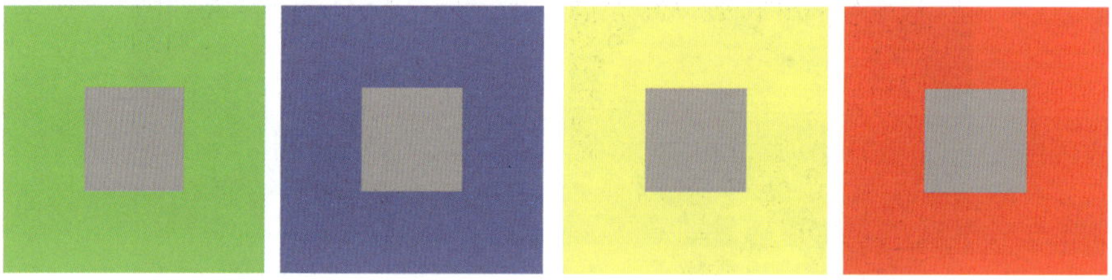

图 3-5　色相对比之不同的背景

图 3-6　色相对比之反差大的彩色

（3）彩度对比　因纯度差别而形成的颜色对比叫彩度对比。从图 3-7 可以看出，饱和度不同的颜色配置在一起时，饱和度高的显得更鲜艳，饱和度低的显得更浑浊。

因此，印刷过程中需要观察颜色时，通常都要求置于灰色背景上进行观察，避免发生同时对比现象，干扰观察的准确性。

图 3-7 彩度对比

2. 先后颜色对比

先后颜色对比是指先看一种颜色，之后再看第二种颜色时，两种颜色感觉就会叠加，颜色产生不稳定的现象。当眼睛注视绿色几分钟之后，将视线移到白墙上，这时会感觉墙并不是白色的，而是浅红色。这种现象用前面所讲的三色学说很容易解释，当眼睛看绿色一段时间后，绿色视神经细胞产生疲劳，而与之相反的神经细胞较兴奋，因此先后颜色对比现象是，后来看的颜色上产生先看过的那种颜色的补色的感觉。但准确的说，并不一定是补色，而是与补色相近的颜色。又如人眼注视过红色之后，眼睛对红色的感受性就会降低，于是在白背景上会产生与原来颜色的补色相近的浅绿色。

如图 3-8 所示，将目光集中在中央的黑十字上，停顿 20s 左右，再将目光移至上方的十字上。此时会在白底色上出现画面下方红色圆形及绿色圆形的残相。残相的色彩是原有色彩的补色。

与同时颜色对比不同的是，先后颜色对比是在时间运动的过程中发生的颜色对比现象。但是这种色彩不是稳定的现象，只是视觉器官的感受，并不是颜色真的发生了变化。

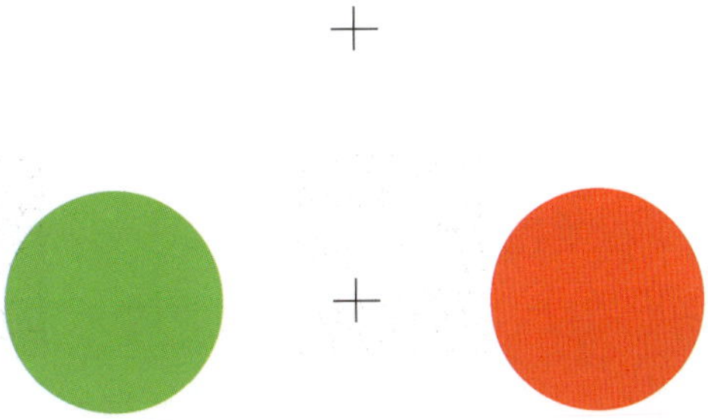

图 3-8 先后颜色对比

三、颜色恒常性

外界条件发生变化时，物体的颜色也随之变化。但是我们对一些常见物体的颜色的认识却是相对恒定的，这种现象就是颜色的恒常性。

日光是呈现物体颜色的最主要的光源，但是从早到晚，日光照度是在不断变化着的，早晚光线弱，中午光线强，太阳光的光谱成分发生很大的变化，但我们的视觉仍保持着对事物颜色感受的恒常性，比如花永远是红的，树叶总是绿的，天空一直是蓝色的。颜色恒常性是一个较为复杂的问题，赫林认为，最常见的物体的颜色给我们的记忆以深刻的印象，这一颜色就成为物体记忆颜色的固定特征，一切我们经验所知的物体，都是通过记忆颜色去看的，所以颜色的恒常性与人的视觉系统对颜色的记忆有一定的关系。

除此之外，颜色恒常性还取决于物体的物理特性及人眼视网膜的感光细胞特征。从这个现象也可以说明，单依靠目测的方法来评价颜色是不科学的，了解了颜色的恒常性可以避免工作中的一些不利影响。

四、色调的易见度

在白纸上书写黄字或黑字，哪个看起来清楚呢？生活经验告诉我们，当然是白底黑字清楚。如前所述，这是因为人眼辨别色彩的能力是有一定限度的，当色与色过分接近，由于色的同化作用眼睛无法辨别。

色彩学上把容易看清楚的程度称为易见度。色彩的易见度和光的明度与色彩面积大小有密切关系。光线太弱，人们易见度差；光线太强时，由于炫目感，易见度也差。色彩面积大易见度大，色彩面积小易见度则小。如果光源与形的条件相同时，形是否看得清楚，则取决于形色与背景色在明度、色相、纯度上的对比关系，其中尤以明度作用影响最大。对比强者清楚，弱者模糊。

易见度高的配色实例：黄/黑、白/黑、黄/紫、蓝/白、绿/白、黄/蓝，如图 3-9 所示；易见度低的配色实例有：黄/白、绿/青、黑/紫、灰/绿等，如图 3-10 所示。

图 3-9　易见度高的配色实例

图 3-10　易见度低的配色实例

色彩的易见度和对比度与前进后退感有关，基本规律如下。

明度对比强，易见度高，具有前进感；明度对比弱，易见度低，具有后退感。

饱和度对比强，易见度高，具有前进感；饱和度对比弱，易见度低，具有后退感。

色相对比强，易见度高，具有前进感；色相对比弱，易见度低，具有后退感。

色彩的易见度又称知觉度，即给人的强弱感觉。配色中常常运用色彩易见度原理来处理色彩的宾主和层次关系。如在绘画艺术中为了加强画面的色彩透视效果，主体和前景常常配以易见度高的醒目之色；装饰色彩构成时，为了突出装饰主体，引人注目，一般应采用易见度高的色彩配合。

学习任务2 颜色心理

任务描述

请将你认为能够表达相关词语的颜色涂在如图3-11所示相应的位置上。如左上角的四个小方块涂上你认为可以表达“平静的”这个词语的颜色。中间的方形，可以随意填充四种颜色。

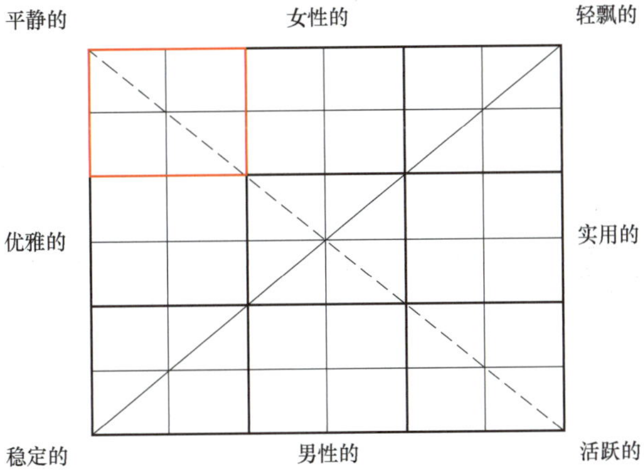

图3-11 颜色心理

色彩学是建筑在物理光学、生理学、心理学、美学等基础上的综合学科。色彩有感性和艺术性的特点，可以带给人美的享受、烘托气氛、引发情感共鸣，对人的心理活动也会产生潜移默化的影响，甚至可以左右人的情绪。在印刷品设计、制作、生产的过程中一定要注意色彩对人情感和心理的影响作用，恰当的运用色彩、表现色彩、观察色彩、测量色彩，提高个人艺术欣赏水平，使印刷品的色彩符合大多数人的审美要求。

一、色彩的联想

我们每天都在观察周围事物的色彩，日久天长就会形成恒常的记忆，以致看到某种色彩时就会自然而然的想到一些相关的事物，这就是色彩的联想。色彩的联想分为具体联想和抽象联想两类，会因人的年龄、性别、民族、地域、生活习惯、教育背景的不同而存在差异。

（1）具体联想　具体联想是指人们看到某种色彩时而联想到自然环境里的具体的相关事物，比如绿色使人联想到绿叶和森林，蓝色使人联想到天空和大海。色彩的具体联想和抽象情感如表3-1所示。

表3-1　色彩的具体联想和抽象情感

色彩	具体联想	抽象的情感	色彩	具体联想	抽象的情感
红	火、血、太阳	喜气、热忱、青春、警告	黄	橙光、闪电	光明、希望、欢快、富贵
橙	柳橙、秋叶	温暖、健康、喜欢、和谐	绿	大地、草原	和平、安全、成长、新鲜

续表

色彩	具体联想	抽象的情感	色彩	具体联想	抽象的情感
蓝	天空、大海	平静、科技、理智、速度	白	云、雪	纯洁、神圣、安静、光明
紫	葡萄、菖蒲	优雅、高贵、细腻、神秘	灰	水泥、老鼠	平凡、谦和、失意、中庸
黑	夜晚、煤炭	颜色、刚毅、法律、信仰			

（2）抽象联想　抽象是相对于“具体”而言的，指从具体事物中抽取出来的相对独立的各个方面、属性和关系等。色彩的抽象联想是指人们看到某种色彩时所产生的抽象的感觉，比如绿色使人产生天然、舒适等感觉，蓝色能使人产生纯净、安宁、忧伤等感觉。

日本色彩学家冢田做过关于色彩的调查，如表 3-2 和表 3-3 所示。

表 3-2　冢田色彩具体联想调查表

色彩	具体联想			
	小学生		青年	
	男	女	男	女
白	雪、白纸	雪、白兔	雪、白云	雪、砂糖
灰	鼠、灰	鼠、云空	灰、混凝土	云、冬天
黑	炭、夜	毛发、炭	夜、洋伞	墨、套服
红	苹果、太阳	郁金香、洋服	红旗、血	口红、红鞋
橙	蜜橘、柿子	蜜桔、胡萝卜	香橙、肉汁	蜜桔、砖
褐	土、树干	土、巧克力	皮包、土	栗、鞋
黄	香蕉、向日葵	菜花、蒲公英	月亮、雏鸡	柠檬、月亮
黄绿	草、竹	草、叶	嫩草、春	嫩叶、衣服里子
绿	树叶、山	草、矮草	树叶、蚊帐	草、毛衣
蓝	天空、海水	天空、水	海洋、天空	大海、湖水
紫	葡萄、紫菜	葡萄、桔梗	裙子、礼服	茄子、藤

表 3-3　冢田色彩抽象联想调查表

色彩	抽象联想			
	青年		老年	
	男	女	男	女
白	清洁、神圣	洁白、纯洁	洁白、纯真	洁白、神秘
灰	忧郁、绝望	忧郁、阴森	荒废、平凡	沉默、死亡
黑	死亡、刚健	悲哀、坚实	生命、严肃	阴沉、冷静
红	热情、革命	热情、危险	热烈、鄙俗	热烈、幼稚
橙	焦躁、可怜	低级、温情	甘美、明朗	欢喜、华美
褐	涩味、古朴	涩味、沉静	涩味、坚实	古雅、朴素
黄	明快、泼辣	明快、希望	光明、明亮	光明、明朗
黄绿	青春、和平	青春、新鲜	新鲜、跳动	新鲜、希望
绿	永远、新鲜	和平、理想	深远、和平	希望、公平
蓝	无限、理想	永恒、理智	冷淡、薄情	平静、悠久
紫	高贵、古雅	优雅、高尚	古风、优美	高贵、消极

二、色彩的象征

色彩的象征既是历史积淀的特殊文化的结晶，也是约定俗成的文化现象，并且在社会行为中起到了标示和传播的双重作用。同时又是生存于同一时空氛围的人们共同遵循的色彩尺度。自然界色彩的熏陶，人类对于色彩的认知、运用，是人们形成色彩感情象征意义的最根本的基础。

由于时代、地域、民族、历史、宗教、文化背景、阶层以及政府信仰的差异，对色彩的喜好、理解就大有差别，色彩也就逐步从具体的物体中分离出来。不同的国家、种族和人群对色彩逐渐拥有了自己的偏爱和象征意义。下面将对常见色彩的象征意义逐一说明。

（1）红色　红色象征热情奔放、权威、自信，是个能量充沛的色彩。红色刚巧又是血的颜色，因而又表示爱国精神或者革命。在西方，据说耶稣的血是葡萄酒色，所以红又表示圣餐和祭奠。

红色又因其意味着危险，而被用作交通信号的停止色、消防车色等。深红色意味着嫉妒或暴虐，被认为是恶魔的象征，而粉红色则象征健康。粉红象征温柔、甜美、浪漫、没有压力，可以软化攻击、安抚浮躁。

比粉红色更深一点的桃红色则象征着女性化的热情，比起粉红色的浪漫，桃红色是更为洒脱、大方的色彩。

（2）黄色　黄色象征明朗、愉快、高贵、注意等。

在中国古代被定为帝王用色，一般人不许使用。

在古代罗马也被当着高贵的色，而基督教却作为犹太衣服的色，因而在欧美被看作是最下等的色，起初把恶徒叫做“黄狗”，后来又轻蔑地把胆小鬼和庸俗恶劣的新闻称为“黄色的”。

黄色是明度极高的颜色，能刺激大脑中与焦虑有关的区域，具有警告的效果，所以雨具、雨衣多半是黄色。

（3）绿色　绿色象征自由和平、新鲜舒适；黄绿色给人清新、有活力、快乐的感受；明度较低的草绿、墨绿、橄榄绿则给人沉稳、知性的印象。

绿色是大自然草本的颜色，所以意味着自然和生长，同时也是未成熟人的象征。

在西方，绿色意味着嫉妒和恶魔。此外，绿色一般还用来象征和平与安全。

（4）蓝色　明亮的天空蓝，象征希望、理想、独立；暗沉的蓝，意味着诚实、信赖与权威。正蓝、宝蓝在热情中带着坚定与智能；淡蓝、粉蓝可以让自己、也让对方完全放松。

在西方，蓝色表示贵族，一提到蓝的血，就意味着名门血统，所以蓝色是身份的象征。但是蓝色又是绝望的同义词，“蓝色的音乐”实质就是“悲伤的音乐”。

在日本，用蓝色来表示青年，青春或少年等刚走上生活道路的一代人。

（5）紫色　紫色是优雅、浪漫，并且具有哲学家气质的颜色。

紫色的光波最短，在自然界中较少见到，所以被引申为象征高贵的色彩。

淡紫色的浪漫，不同于粉红小女孩式的，而是像隔着一层薄纱，带有高贵、神秘、高不可攀的感觉；而深紫色、艳紫色则是魅力十足、有点狂野又难以探测的华丽浪漫。

在过去的中国和日本，作为表示等级的服装颜色，紫色是最高级的。至今在仪式方面仍采用紫幕和方绸巾。

在古希腊时代，紫色作为国王的服装色使用。

（6）橙色　橙色富于母爱或大姐姐的热心特质，给人亲切、坦率、开朗、健康的感觉；橙色是从事社会服务工作时，特别是需要阳光般的温情时最适合的色彩之一。

（7）白色　白色象征纯洁、神圣、善良、信任与开放。日本的老道和和尚都穿着白衣服。作为等级的标志，白是天子白服色。中国和印度的所谓白色和白牛，都是吉祥和神圣的象征。所谓“弄清黑白”，就是指要判明是非善恶，所以白还意味着洁白善良；还有，白还是沉默的反义词，从前古文中的“说”就写成“白”“自白”“白书”等说法都是由此引出来的。

（8）灰色　灰色象征诚恳、沉稳、考究，其中的铁灰、炭灰、暗灰，在无形中散发出智能、成功、权威等强烈信息；中灰与淡灰色则带有哲学家的沉静。

（9）黑色　黑色象征权威、高雅、低调、创意；也意味着执着、冷漠、防御。

黑是不吉利色，意味着不好，表示黑暗与地狱，如“黑名单”。

在中国和日本自古以来就有方位色，即东是蓝，南是红，中央是黄，西是白，北是黑。

在西方，基督教的祭日也用黑色表示。红与绿象征圣诞节祭，黄和紫象征复活节祭，茶色是感恩节祭。

现代企业充分认识到色彩的象征在企业文化和企业宣传的重要作用，逐渐形成了本企业的标准色或行业的标准色。“标准色”是企业指定某一种特定色彩或一组色彩系统，运用在所有视觉设计的媒体上，像商标、标志、包装、广告等一切企业用品上，通过色彩的视觉刺激和心理反应，传达企业的经营理念或产品的内容特征。

企业标准色正是利用色彩的象征作用，使人看到色彩，就会产生各种联想或情感。如可口可乐公司选用红色作为标准色，洋溢着青春、健康、欢乐的气息；柯达软片公司的黄色充分表现色彩饱满、璀璨辉煌的产品性质。从色彩的象征意义考虑企业标准色可按表3-4分类。

表 3-4　企业形象色

色彩	意义	企业
红色系	积极 健康 热情 喜庆 动感	餐饮 百货 食品 保健
黄色系	光明 热情 喜庆 甘美	食品 百货 石化 公共事业 照明
蓝色系	广阔 创新 舒适 平静	电器 五金 交通 科技 饮料
紫色系	梦想 爱情 高贵 流行	美容 化妆 服饰 百货
绿色系	自然 环保 生命 活力	环保 农业 邮电 美容 饮料
高彩度系	活力 激情 生动 个性	百货 超市 交通 食品 电子 石化
低彩度系	含蓄 时尚 可塑性 公正	律师 设计 行政 协会

三、其他颜色心理现象

1. 色彩的冷暖感

色彩的种类繁多，每种颜色都具有自身的颜色特点，给人的感觉也不相同。有的色彩看上去有一种冷的心理感觉，有的色彩给人以温暖的心理感觉。其实色彩的冷暖并不是色彩本身的温度有冷暖的差别，而是一种心理作用。按照一般的视觉感受，我们认为接近于太阳和火的颜色是温暖的，比如红色、黄色、橙色会使人产生暖和的感觉，称为暖色；接近蓝天、大海、冰雪的颜色是清冷的，比如青、蓝、蓝绿色等使人产生寒冷的感觉，可称为冷色。暖色具有温暖的颜色心理，人们看到它会有一种兴奋、热烈和充满活力的感觉；而冷色有安静、深远、透明的心理感受，如图 3-12 所示。

图 3-12　色彩的冷暖感

在色相环上，冷暖色的区分如图 3-13 所示。

2. 色彩的空间感

高纯度、高明度的彩色具有向前迫近与扩大的感觉，被人们称之为前进色。低纯度、低明度的冷色有后退与收缩的感觉，称之为后退色。当前进色与后退色并存时，则会形成平面上的前后空间层次感，如图 3-14 所示。

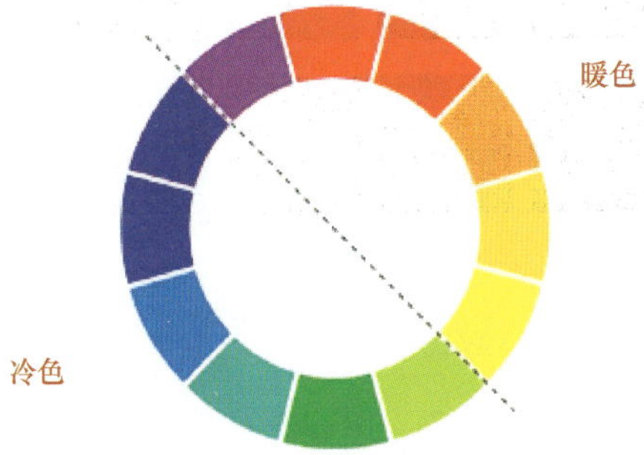

图 3-13　色彩的冷暖分区

图 3-14　色彩的空间感

从色相上来看，红、橙、黄等暖色具有辐射性和扩散性，容易引起人们的注意，给人面积扩大、膨胀、近距离、靠前等感觉；青、蓝、紫等冷色显得比较内敛，给人收缩、减小、远距离、后退等感觉。从明度上来看，明度高的颜色具有前进和膨胀感；明度低的颜色有后退和收缩感。从饱和度来看，鲜艳纯净、饱和度高的颜色有前进和膨胀感；素净淡雅、饱和度低的颜色有后退和收缩感，如图 3-15 所示。

图 3-15　色彩的前进、后退感

3. 色彩的轻重感

色彩的轻重感主要与明度相关。明亮的色感觉轻，有漂浮、上升、轻灵等感觉，如白、黄等高明度色；深暗的色感觉重，有稳固、凝重、安定等感觉，如蓝、藏蓝，褐等低明度色，如图 3-16 所示。版面布局时，将明亮的轻色置于页面上方、暗沉的重色置于页面下方，版面会显得稳定。反之，轻的色彩在下面、重的色彩在上方的版面给人头重脚轻、悬浮、失重、不安定的感觉。

4. 色彩的软硬感

色彩的软硬感主要取决于明度和彩度，与色相关系不大。明度较高、彩度又低的色有柔软感，如粉彩色；明度低、彩度高的色有坚硬感；中性色系的绿和紫有柔和感，因为绿色使人联想起草坪或草，紫色使人联想到花卉；无彩色系中的白和黑是坚固的，灰色是柔软的。从调性上看，明度的短调、灰色调、蓝色调比较柔和，而明度的长调、红色调显得坚硬，如图 3-17 所示。

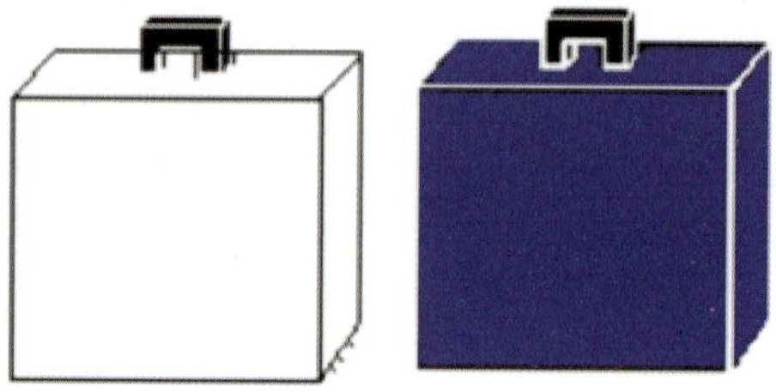

图 3-16 色彩的轻重感

图 3-17 色彩的软硬感

5. 色彩的兴奋、平静感

色彩的兴奋与平静感主要取决于色相的冷暖感。暖色系红、橙、黄中明亮而鲜艳的颜色给人以兴奋感，冷色系蓝绿、蓝、蓝紫中的深暗而深浊的颜色给人以平静感，如图3-18所示。中性的绿和紫既没有兴奋感也没有平静感。另外，色彩的明度、彩度越高，其兴奋感越强。

图 3-18 色彩的兴奋与平静感

6. 色彩的华丽、朴实感

色彩的华丽和朴实感与色彩的三属性都有关联，明度高、彩度也高的色显得鲜艳、华丽，如霓虹灯、舞台布置、新鲜的水果等色；彩度低、明度也低的色显得朴实、稳重，如古代的寺庙，褪了色的衣物等。红橙色系容易有华丽感，蓝色系给人的感觉往往是文雅的、朴实的、沉着的。但漂亮的钴蓝、湖蓝、宝石蓝同样有华丽的感觉。以调性来说，大部分活泼、强烈、明亮的色调给人以华丽感，而暗色调、灰色调、土色调有种朴素感，如图 3-19 所示。

图 3-19 色彩的华丽、朴实感

7. 色彩的音乐感

强烈的色彩具有尖锐高亢的音乐感，如亮黄色、鲜红色；暗浊的颜色则具有低沉浑厚的音乐感，如深蓝色、深灰色。不同色彩的配合可以形成各具特色的节奏和旋律。如图 3-20 所示，具有鲜明强烈色彩对比的画面，节奏欢快，旋律起伏显著，如同跳跃而快速变化的音乐让人产生激动的情绪变化。如果选择色相环上临近的颜色组成画面，则其旋律则平缓得多，可以表现出柔和的音乐效果。

从对比规律上看，以上这些色彩感觉的划分都属一种相对概念。比如一组朴实的色放在另一组更为朴实的色彩旁，立刻就显出相对的华丽来。当然，在这些客观特征中也带有很大的主观性心理因素。比如对华丽的理解，有人认为结婚、过新年时用的大红色是华丽的，有人则认为宫殿里的金黄色是华丽的。所以，色彩心理的分析是不能一概而论的，只能在普遍意义上进行归纳、总结。

图 3-20 色彩的音乐感

8. 色彩的性别与年龄表现

（1）性别与色彩　一般来说，男性多用稳重沉着的色彩，色彩变化不大；女性则多用华美鲜艳的色彩，色彩变化万千。女性多少有些幻想气质，罗曼蒂克的色彩往往最能触动她们善感的神经。女性的优雅与柔媚，需要梦幻般的色调来表现。最常用的色彩有苍白、浅色和带浅灰的色调，清晰的粉红、带黄的粉红，表达甜美的梦；奶油色和柠檬黄，表达女性的肌肤和柔媚的性情。还有一些多彩的苍白色调，如稍黯淡的绿色、浅青色、淡紫色，这适合表达五彩斑斓的梦境。还有透明感的灰褐色、银灰色，表达透明的知性美。但是近些年来男女服装用色的距离越来越接近，女装男性化和男装女性化的情况经常可以看到。

（2）年龄与色彩　性别和年龄段的人对色彩的喜好是不同的，如表 3-5 所示。有人作过统计：儿童大多喜爱极鲜艳的颜色。婴儿喜爱红色和黄色，4～9 岁儿童最喜爱红色，9

岁的儿童又喜爱绿色，7～15 岁的小学生中男生的色彩爱好次序是绿、红、青、黄、白、黑；女生的爱好次序是绿、红、白、青、黄、黑。

随着年龄的增长，人们的色彩喜好逐渐向复色过渡，向黑色靠近。也就是说，年龄越近成熟，所喜爱色彩越倾向成熟。这是因为儿童刚走入这个大千世界，脑子思维一片空白，什么都是新鲜的，需要简单的、新鲜的、强烈刺激的色彩，他们神经细胞产生得快，补充得快，对一切都有新鲜感。随着年龄的增长，阅历也增长，脑神经记忆库已经被其他刺激占去了许多，色彩感觉相应就成熟和柔和些。

表 3-5　不同性别和年龄段的人对色彩喜好的属性分类

性别 / 年龄段	男	女
幼儿	蓝、黄橙、粉红、黑、极浅的绿、黄绿、绿蓝色	橙、红、紫、黄绿、粉红、雀蓝、极浅的蓝绿色
小学生	橙、黄、极浅的蓝绿、黄、绿白、孔雀蓝、绿、蓝、浅蓝色	极浅的绿、橙、黄、孔雀蓝、白、黄绿、绿、浅蓝、奶油色
中学生	黄、极浅的绿、橙、黄绿、白、浅蓝、极浅的蓝绿、绿、孔雀蓝	黄绿、孔雀蓝、极浅的绿、白、浅蓝、橙、黄、绿、蓝绿色
20 岁左右	橙、浅蓝、黄绿、极浅的绿、黑、蓝绿	黄、白、橙、红、黑、浅蓝、孔雀蓝、黄绿、暗褐色
30 岁左右	橙、浅蓝、绿、浅绿、黄、白、孔雀蓝	白、黄、浅蓝、绿、奶油色、黑、粉红
40 岁左右	蓝橙、黄、浅蓝、绿、白、极浅色、粉红色	白、橙、红、黄、奶油色、浅蓝、黄绿、粉红、浅绿、黑色
50 岁左右	浅蓝、浅绿、橙、黄绿、赭红、褐灰、灰色	白、黄、浅绿、粉红、浅蓝、灰色

课后练习

1. 将几种不同的彩色商业广告和彩色期刊放于标准看样台、日光灯和自然光下观察对比，体验颜色的视觉变化。

2. 举一个暗适应的例子。

3. 举例说明色彩的象征意义对颜色的应用有什么作用。

项目四　颜色三属性

知识目标

1. 能解释颜色的三个属性。
2. 能说明颜色三属性之间的关系。

能力目标

1. 理解颜色的属性，会用色相、明度、饱和度的概念分析颜色。
2. 能正确识别颜色的色相、明度与饱和度。

学习任务　颜色三属性

任务描述

在 Photoshop 软件中，实现以下效果。

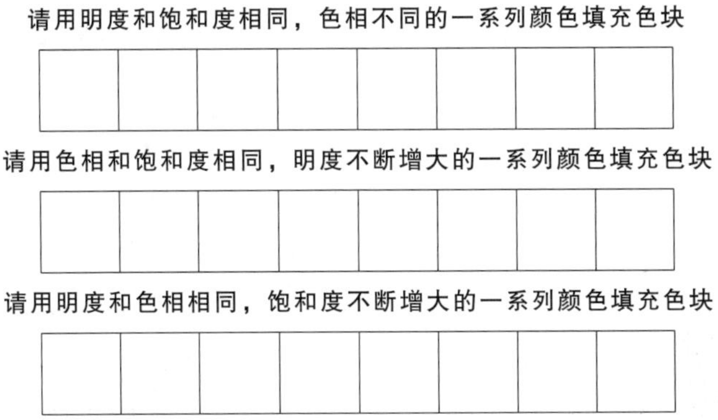

自然界的颜色是千差万别的，人们之所以能对如此繁多的颜色加以区分，是因为每一种颜色都有自己的鲜明特征，每一个颜色都有其颜色相貌、一定的明暗程度和一定的浓淡程度，可分别用色相、明度和饱和度表示，我们把表达颜色的这三个物理量叫做颜色的三属性。经过长期的实践证明，利用颜色的三属性，可以定性、定量的描述任何一种颜色。颜色中的任何一色都具备这三个属性，这三个属性彼此相互联系。只有这三个物理量都确

定时，才能表达一个固定的颜色，如果任何一个属性有所不同，则两个颜色是有差别的。

一、色相

色相是指颜色的外观相貌，它是颜色彼此区别的最主要最基本的特征。物体的色相取决于光源的光谱组成和物体表面选择性吸收后所反射的各波长辐射的比例对人眼所产生的感觉。从人的颜色视觉生理角度认识色相：是指人眼的三种感色视锥细胞受不同刺激后引起的不同颜色感觉。因此，色相是表明不同波长的光刺激所引起的不同颜色心理反应。例如红、绿、白、黄、蓝等都是不同的色相。

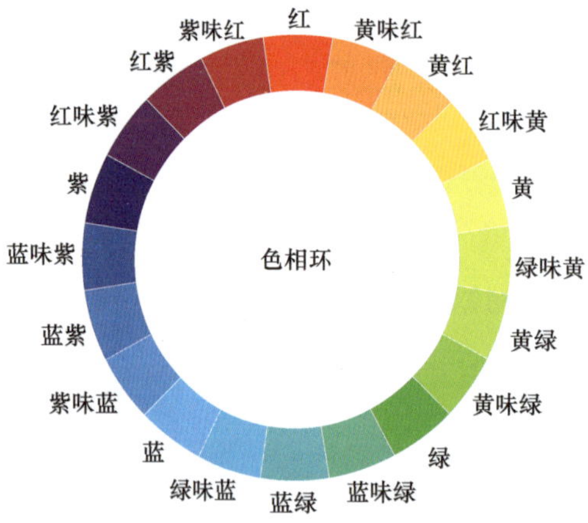

图 4-1 色相环

在正常条件下，人眼能分辨光谱中的色相 150 多种，再加上谱外品红色 30 余种，共约 180 种。为应用方便，就以光谱色序为色相的基本排序即红、橙、黄、绿、青、蓝、紫。包装印刷行业是以三原色油墨黄、品红、青为主色，加上其间色红、绿、蓝共六种基本颜色组成印刷色相环。印刷业常用的色相环（如图 4-1 所示）就是对色相的一个形象而简明的表示。

二、明度

明度是指人眼感受到的颜色的明暗程度，是颜色的骨骼。

无彩色没有色相和饱和度的变化，明度是它们的唯一特征，白色明度最高为 100，黑色明度最低为 0，中间是一系列明度不同的灰色，如图 4-2 所示。

图 4-2 无彩色的明度差别

有彩色的明度与色相和饱和度的变化存在关联，分为以下两种情况。

（1）不同色相的明度差异 不同色相的颜色本身就存在明度的差异，明度最高的是黄色，然后是橙色、青色、绿色、品红色、红色、紫色，最暗的是紫蓝色，如图 4-3 所示。

图 4-3 不同色相的明度差别

（2）相同色相的明度差异 同一色相的颜色，明度上可有很大的差异，如图 4-4 所示，中间是明度适中的红色，越接近白色明度越高，越接近黑色明度越低。

人眼能分辨 600 多种明暗层次，只要亮度有 1%的变化，人眼都能觉察到。但只有在

图 4-4　相同色相的明度差别

明度适中时，人眼的分辨力才最佳。明度太高或太低，人眼分辨明度的准确性都会降低。

由于人眼的这种特性，制版时可将高、低调层次适当拉开，而对中间调层次尽可能保持不变，如图 4-5 所示。

颜色的明度取决于颜色对光的辐射能力。对于单色光来说，光线越强，其颜色就越明亮。就物体而言，反射出来的光越多，物体看起来越明亮，其颜色的明度值也越大。

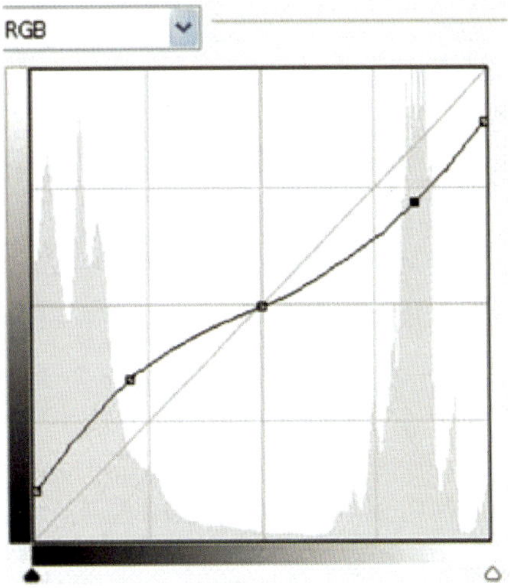

图 4-5　合理利用人眼对明度的敏感性调整阶调

三、饱和度

饱和度，又称为彩度、纯度或鲜艳度，是指颜色的鲜艳和纯净的程度，它是颜色的内在品质。一般来说，颜色越鲜艳，饱和度就越高；颜色越素淡，饱和度就越低。如图 4-6 所示，上排的色块是纯净、鲜艳、饱和度高的颜色，下排的色块是饱和度相对较低的颜色。

图 4-6　颜色的饱和度及其变化

黑、白、灰等无彩色只有明度变化，没有饱和度和色相的区别。如果在任何一种纯色中，不断加入黑白灰等无彩色取代原有的颜色，就会降低该种颜色的纯度，使它逐渐变得浑浊，直至最终失去饱和度和色相，变成饱和度为零的无彩色。如图 4-7 所示，第一、二排分别加入的是白、黑色。即：颜色中灰色成分比例高，则饱和度低；颜色中灰色成分比例低，则饱和度越高。

图 4-7 同一色相的饱和度变化

颜色的饱和度取决于彩色物体表面的光滑度。在光滑的物体表面上，光线的反射是镜面反射，在观察物体颜色时，我们可以避开这个反射方向上的白光，观察颜色的饱和度。而粗糙的物体表面反射是漫反射，无论从哪个方向都很难避开反射的白光，因此光滑物体表面上的颜色要比粗糙物体表面上颜色鲜艳，饱和度大些。例如丝织品比棉织品颜色艳丽，就是因为丝织品表面比较光滑的缘故。雨后的树叶、花果颜色显得格外鲜艳，就是因为雨水洗去了表面的灰尘，使表面变得光滑所致。有些彩色包装要上光覆膜，目的就是增加包装表面的光滑程度，使颜色更加饱和鲜艳。

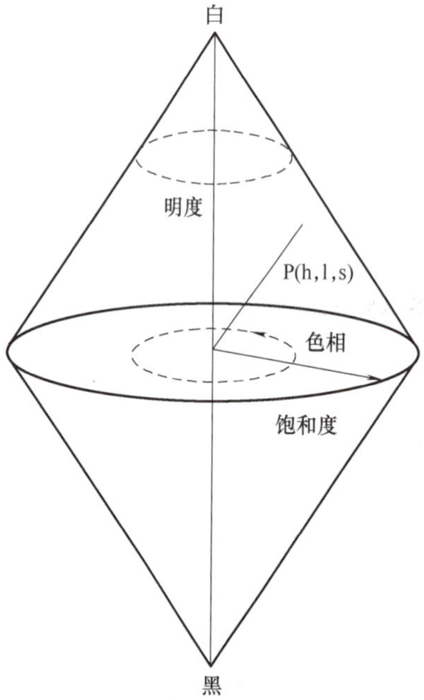

图 4-8 颜色立体模型

四、颜色三属性的关系

颜色三属性之间的关系可用图 4-8 所示的颜色立体模型表示。其中，颜色立体的中央纵轴表示颜色的明度，上白下黑，中间是一系列的中性灰色，分为不同的明度等级，称为明度轴。水平剖面的圆周上不同位置处表示不同的色相，称为色相环。色相环的中心是无彩色的灰色，各级灰色的明度同色相环上各种色相的明度相同。圆环的半径轴表示彩度，圆心处的彩度为零，圆环外端处彩度最大，即从圆心向外彩度逐渐增大。任何一种颜色都可在颜色立体中找到准确的位置。

在图 4-8 中可以看出，当三个坐标中的一个坐标发生变化时，另外两个坐标会相应变化。这说明颜色三属性既有独立性，又互相联系、互相制约。比如，在某一颜色中加入白色可以提高明度，加入黑色会降低明度，在明度变化的同时，颜色的饱和度也发生了变化；加入白色或黑色，使颜色的饱和度降低，加入量越大，饱和度降低得越多。

课后练习

1. 比较图 4-9 颜色，说明它们之间颜色三属性的差异。

图 4-9　比较颜色三属性的差异

2. 在计算机中完成图 4-10 中颜色三属性的推移训练，培养对颜色的敏锐性。

图 4-10　颜色三属性推移训练

项目五　显色表示系统

知识目标

1. 掌握 NCS 颜色体系的基本理论。
2. 理解 NCS 颜色体系的色彩规律。
3. 能说出孟塞尔颜色立体的结构。
4. 熟悉孟塞尔颜色体系的表色方式。

能力目标

1. 能根据 NCS 颜色编号找到相应的色块，能根据某颜色，说出其对应的 NCS 颜色编号。
2. 能根据 NCS 颜色体系对生活中的某颜色进行分析。
3. 能标定和查找孟塞尔颜色图册中的颜色。
4. 能分析 NCS 颜色体系与孟塞尔颜色体系的不同之处。
5. 能在适合的领域应用合适的颜色体系。

学习任务 1　NCS 颜色体系

任务描述

NCS 是 NaturalColor System（自然色彩系统）的简称。NCS 是目前世界上最具盛名的色彩体系之一，是国际通用的色彩标准，更是国际通用的色彩交流的语言。它是欧洲使用最广泛的色彩系统，并正在被全球范围采用。NCS 广泛应用于设计、研究、教育、建筑、工业、公司形象、软件和商贸等领域。本任务通过形象直观的图片展示和科学严谨的计算描述，来帮助掌握 NCS 颜色体系的基本理论，充分理解 NCS 颜色体系的配色规律及技巧，并学会使用 NCS 颜色体系进行颜色交流、检验。

一、NCS 颜色体系的基本理论

1. 六个基准色

NCS 以白色（W）、黑色（S）、黄色（Y）、红色（R）、蓝色（B）、绿色（G）6 个心理原色为基础，如图 5-1 所示。按照人们的视觉特点，黄色可以和红、绿相似而不可能和蓝相似；蓝色可以和红、绿相似而不可能和黄相似；红、绿彼此不相似；所有其他的颜色均可以看作是和黄、红、蓝、绿、黑、白这 6 种颜色有不同程度的相似的颜色。即这 6 个基准色是理想色，是人们头脑中固有的颜色感知特性，而且它们彼此之间没有相似性。NCS 色彩编号系统描述的是我们所看到的颜色与这 6 个基准色的对应关系。

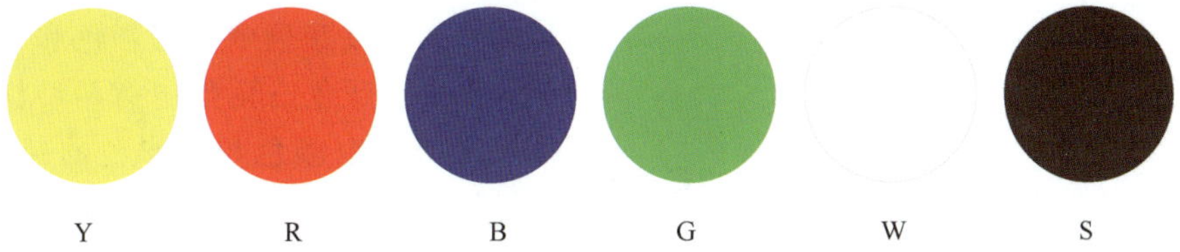

图 5-1　NCS 颜色体系的六个基准色

2. NCS 颜色立体模型

NCS 采用的色彩感觉几何模型如图 5-2 所示。

在这个三维的立体模型中，立体的上下两端是两种非彩色原色，顶端是白色，底端是黑色。立体在中间部位由黄、红、蓝、绿四种彩色原色形成一个色相环。在这个立体系统中，每一种颜色都占有一个特定的位置，并且和其他颜色有准确的关系。

3. NCS 色相环

颜色立体的横剖面是圆形的色相环，如图 5-3 所示。

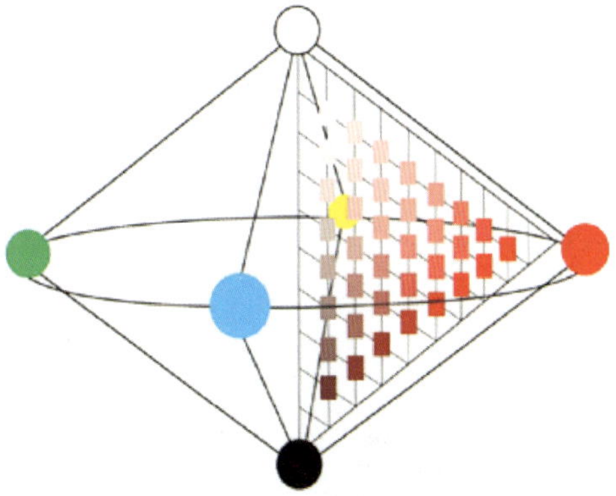

图 5-2　NCS 颜色立体模型

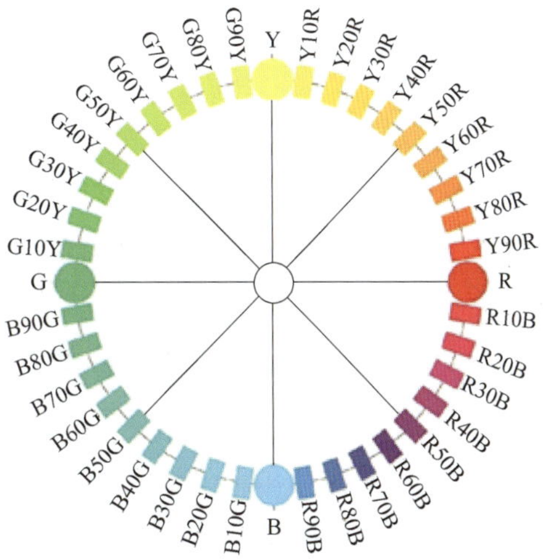

图 5-3　NCS 色相环

色相环上有四种彩色原色，黄、红、蓝、绿，它们把整个圆环分成四个象限，每一个象限又分为 100 个等级。要想判断某一个颜色的色相，首先要判别出该色相位于哪个象限内，然后再判断产生这一色相所需两原色的相对比例。以象限 Y-R 为例，从 Y 到 Y50R，黄对红的优势逐渐减少；从 Y50R 到 R，红对黄的优势逐渐增加，一直到红原色为止。若用百分比来说明颜色的这种标法，就容易理解颜色标号的意义。例如一个颜色的标号为 Y70R，就表示这个颜色中红色对黄色有 70%的优势，而黄只是占到 30%。

4. NCS 色彩三角

NCS 颜色立体的垂直剖面图的左右半侧各是一个三角形，如图 5-4 所示。

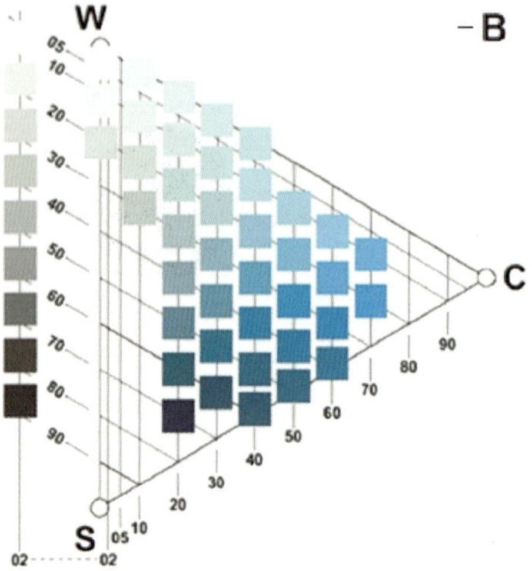

图 5-4　NCS 色彩三角

三角形的 W 角代表白，S 角代表黑，也就是颜色立体的顶端和底端，C 代表一个纯色，与黑白都不相似。用 NCS 判定颜色时，由目测判别出该颜色中含有彩色和非彩色量的相对多少。颜色三角形中有两种标尺：彩度标尺说明一个颜色与纯彩色的接近程度；黑白标尺说明一个颜色与黑色的接近程度，这两种标尺被均分成 100 等份。NCS 规定，任何一种颜色所包含的原色数量总量为 100，即白＋黑＋彩色＝100，其具体的计算和表示方法如下：

若某颜色表示为 S2030-Y90R，2030 表示该颜色包含有 20％的黑和 30％的彩色，也就是说，该颜色还有 100％－20％－30％＝50％的白。在 30％的彩色中，Y90R 表示色相，也就是与黄色 Y 与红色 R 之间的对应关系，Y90R 表示红色占彩色的 90％和黄色占彩色的 10％。所以说在这一颜色中，各原色的比例关系是：黑－20％、白－50％（100％－20％－30％）、红－27％（30％×90％）、黄－3％〔30％×（100％-90％）〕、蓝－0％、绿－0％。

纯粹的灰色是没有色相的，标注以-N 来表示非彩色。其范围从 0500-N（白色）到 9000-N（黑色）。NCS 色彩编号前的字母 S 表示 NCS 第 2 版色样。这一版的色彩标准下的涂料油漆中不含有毒成分。

当我们熟悉了 NCS 系统，就可以根据颜色的编号判断其属性。这有助于颜色的交流和检验，还有助于识别那些未标注 NCS 编号的颜色。

二、NCS 颜色体系的色彩规律

（1）NCS 色彩三角分区　NCS 色彩三角可分为四个区域，如图 5-5 所示，其中 1 区代表高明度、低彩度区域，2 区代表低明度、低彩度区域，3 区代表中明度、中彩度区域，4 区代表中明度、高彩度区域。分区示例如图 5-6 所示。

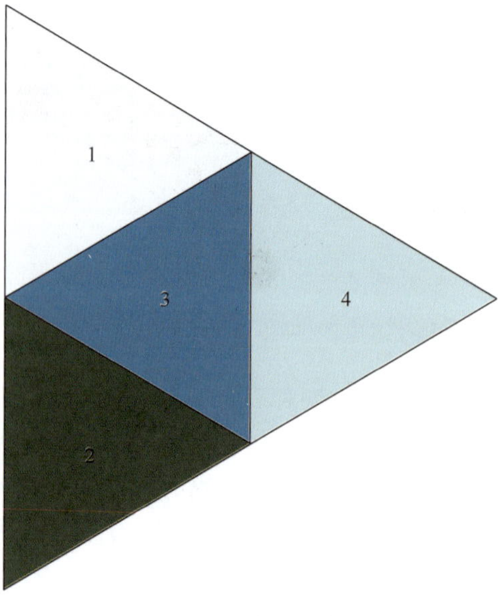

图 5-5　NCS 色彩三角分区

（2）白度、黑度、彩度的判断依据　若要判断色彩三角中某色块的白度值，则过色块的中心点绘制 SC 边的平行线，该平行线和 WS 边相交处的值代表该色块的白度值。如图 5-7 所示，绘制的 SC 边的平行虚线所穿

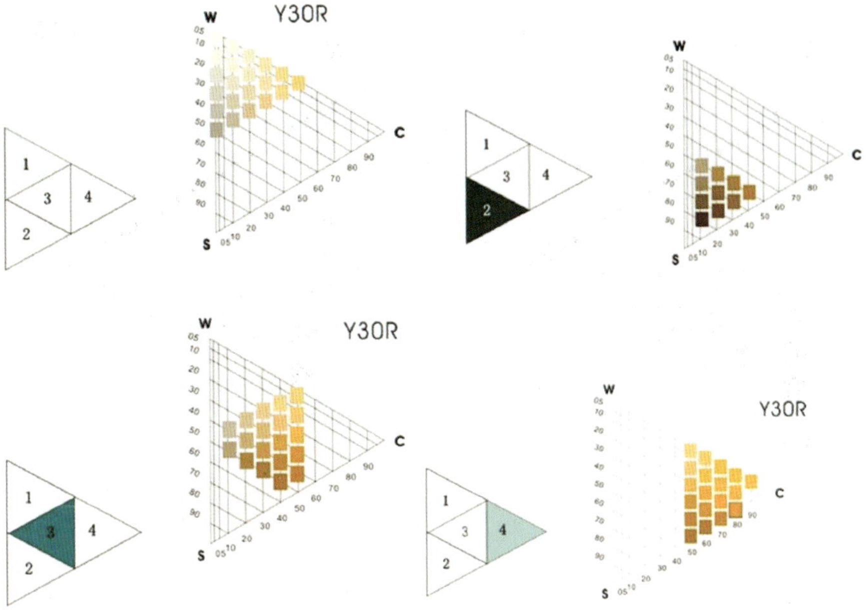

图 5-6　NCS 色彩三角分区示例

过的色块，其白度相同，白度值为 60%。

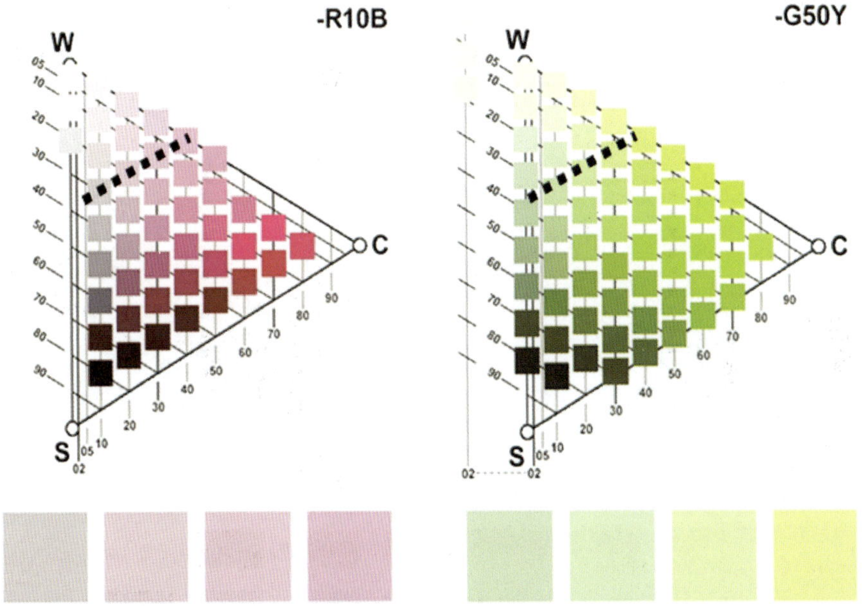

图 5-7　NCS 色彩三角中色块白度值的判断

若要判断色彩三角中某色块的黑度值，则过色块的中心点绘制 *WC* 边的平行线，该平行线和 *WS* 边相交处的值代表该色块的黑度值。如图 5-8 所示，绘制的 *WC* 边的平行虚线所穿过的色块，其黑度相同，黑度值为 10%。

若要判断色彩三角中某色块的彩度值，则过色块的中心点绘制 *WS* 边的平行线，该平

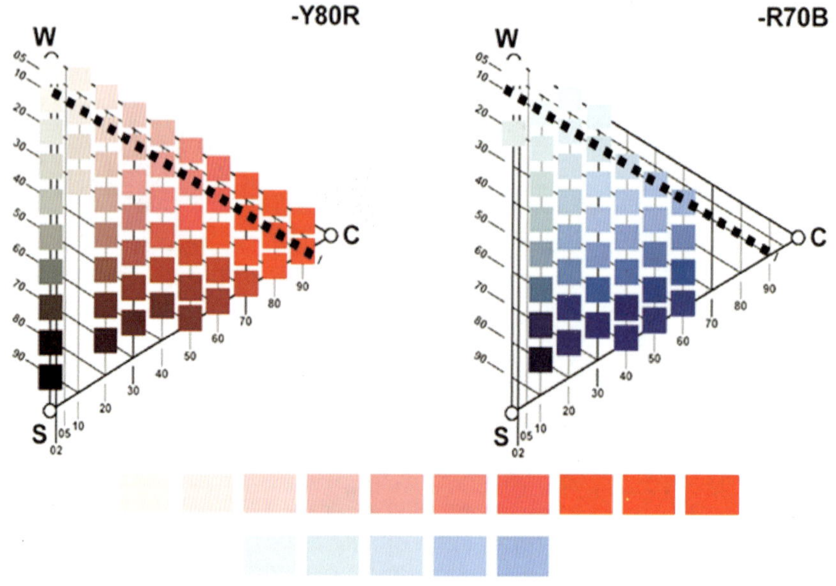

图 5-8 NCS 色彩三角中色块黑度值的判断

行线和 *SC* 边相交处的值代表该色块的彩度值。如图 5-9 所示，绘制的 *WS* 边的平行虚线所穿过的色块，其彩度相同，彩度值为 40%。

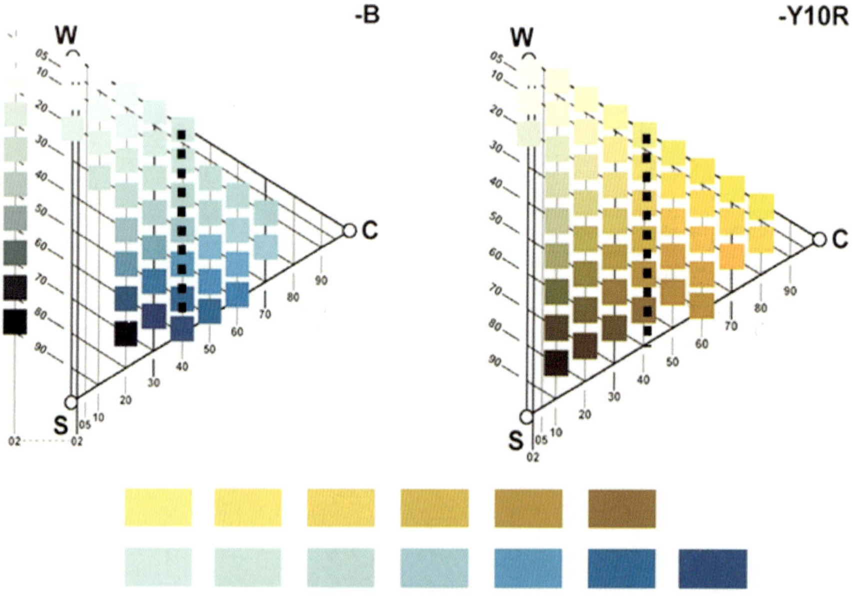

图 5-9 NCS 色彩三角中色块彩度值的判断

（3）不同 NCS 色彩三角的相同位置，对应的色块其白度、黑度和彩度值均相同，如图 5-10 所示。选中的色块其白度值为 70%，黑度值为 10%，彩度值为 20%。

（4）同一色彩三角上的色块，色相均相同，如图 5-11 所示。选中的色块其色相均

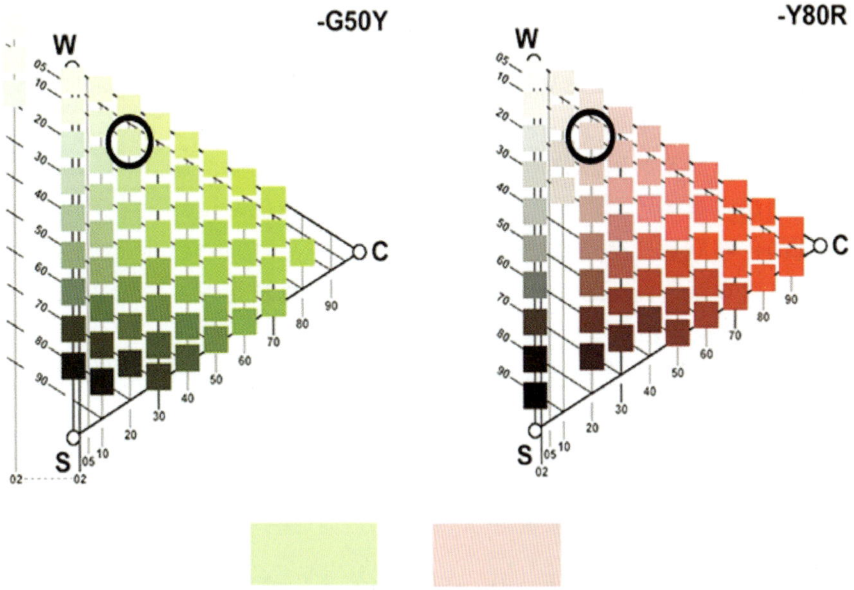

图 5-10　不同 NCS 色彩三角的相同位置，对应的色块其白度、黑度、彩度值均相同

为 Y70R。

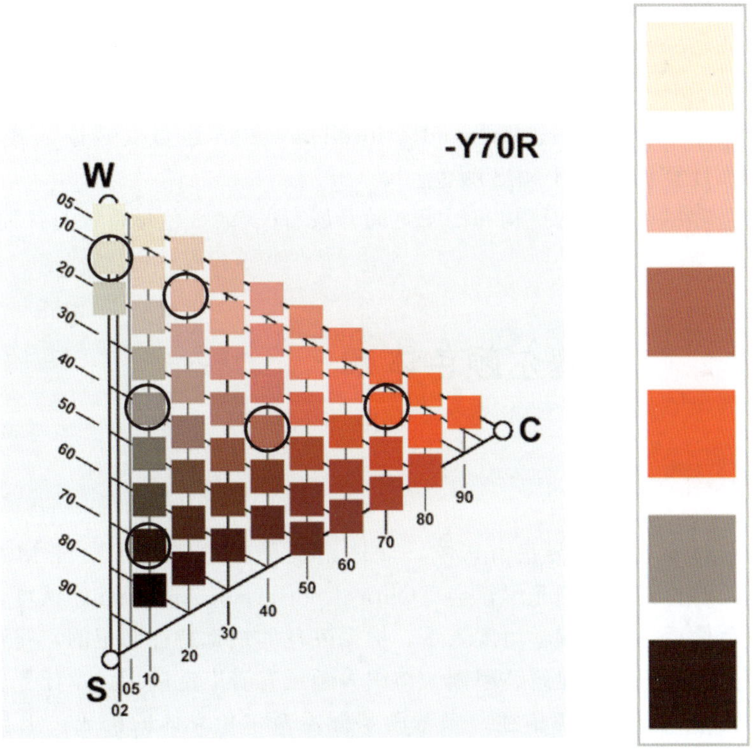

图 5-11　同一 NCS 色彩三角上的色块，色相均相同

三、NCS 颜色体系与色彩应用

1. NCS 的优点

（1）全部 1750 种颜色通过色立体进行了有规律的排列，是便于理解的、实用的和设计精良的色谱。

（2）提供了色彩交流的国际化语言，保证了无障碍的色彩沟通。

（3）一系列高质量的色彩产品，能够适应各种不同的色彩设计、选择和识别的需要。

（4）卓越的色彩质量使得从概念到展示、识别及成品之间达到准确的色彩控制。

（5）被全球众多制造商所采用，广泛应用于高质量色彩管理。

2. NCS 广泛的应用领域

（1）研究　NCS 系统在全球范围内被应用于所有不同的色彩研究，被广泛印刷成上百种科学论文、书籍、演讲稿等。

（2）教育　NCS 系统被很多欧洲国家的色彩教育所采用。欧洲大多数的建筑、设计、工程、绘画高等学院均采用 NCS，同时作为跨学科的颜色参照系统，NCS 被推荐给不同的科系。

（3）建筑　在欧洲，超过 10 万人次、1000 多家工厂使用 NCS，而建筑师们更是以其作为色彩参照。欧洲大多数油漆厂生产的产品均标有 NCS 说明并且是 NCS 注册用户。

（4）工业　NCS 作为一种产品质量标准被很多厂家用以进行色彩生产控制及管理。

（5）企业形象　NCS 系统已成为挪威、西班牙、瑞典等国的国家检验标准；同时作为高质量颜色标准，NCS 也被众多大公司用于企业形象识别。

（6）软件　现在 NCS 可作为一个颜色库用以 Photoshop、CorelDraw 等软件，工厂和一些重要的软件设计公司也专门注册使用 NCS。在常用的图形图像处理软件如 Photoshop、illustrator、PageMaker、freehand、CorelDraw 中，也可安装嵌入式 NCS 色彩插件，便于用户在计算机中使用 NCS 颜色。

（7）商贸　和尽可能多的机构和厂家之间开展有关 NCS 色彩系统的各种合作。

学习任务 2　孟塞尔颜色体系

任务描述

孟塞尔颜色体系在美术界很有影响，此体系最早由孟塞尔（A. H. Munsell）提出，后来又经修正，并得到了美国光学学会（Optical Society of American）认可，成为美国国家标准。该颜色体系是从心理学角度入手，根据颜色的视觉特征制定的，符合大多数人对颜色的直观感受和认识，在建筑、印刷、纺织等领域有着广泛应用。本任务通过形象直观的图片展示和科学严谨的计算描述，来帮助掌握孟塞尔色立体的构成，学会应用孟塞尔 HVC 表色法来描述颜色，使色彩信息的表达、传递更为直观。

孟塞尔颜色体系是一种能直观准确的表达颜色的一种表色系统。该系统是一个三维类似球体的空间模型，把物体各种表面色的三种基本属性色相、明度、饱和度全部表示出来。在颜色立体中，每一个部位都代表一种特定的颜色，并有一组特定的标号，查找和应用颜色及进行颜色对比都非常方便。目前国际上已广泛采用孟塞尔颜色系统作为分类和标定表面色的方法。孟塞尔颜色体系包括孟塞尔颜色立体模型、孟塞尔颜色图册两部分。

一、孟塞尔颜色立体模型

孟塞尔颜色立体模型如图 5-12 所示。在孟塞尔色立体中，垂直方向自下而上表示的是明度的变化；水平方向与中央纵轴的距离远近表示的是饱和度的变化；围绕中央纵轴的圆周方向表示的是色相的变化。

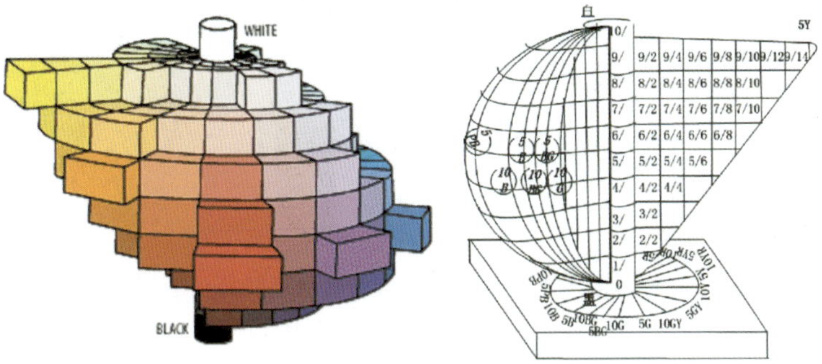

图 5-12　孟塞尔颜色立体模型

1. 孟塞尔明度（Value，记为 V）

孟塞尔色立体的中央纵轴是明度轴，代表无彩色的明度等级，黑色在底部，白色在顶部，孟塞尔明度值将理想白色定为 10，理想黑色定为 0，共分为 0～10 总共 11 个等级。但在实际应用中，由于理想的黑色和白色是不存在的，所以通常只使用明度值的 1～9 级。对不同色相的彩色则用与它等明度的灰色来表示该颜色的明度，记为 V1/、V2/、V3/……

在色立体的同一水平面上，所有颜色的明度值是相等的。换而言之，任一水平剖面上排布的颜色，都是与该剖面位置对应的中央明度轴上的无彩度明度相同的颜色，如图5-13所示。从明度轴第五级向外排列的颜色，尽管色相或饱和度不同，但明度值都等于 5。

2. 孟塞尔彩度（Chroma，记为 C）

在孟塞尔系统中，颜色样品离开中央轴的水平距离代表饱和度的变化，称之为孟塞尔彩度。彩度也是分成许多视觉上相等的等级。中央轴上的中性色彩度为 0，离开中央轴越远，彩度数值越大。该系统通常以每两个彩度等级为间隔（例如 2、4、6 等）制作颜色样品。各种颜色的最大彩度是不相同的，个别颜色彩度可达到 20，如图 5-14 所示。

3. 孟塞尔色相（Hue，记为 H）

孟塞尔颜色立体水平剖面上表示 10 种基本色。如图 5-15 所示，它含有 5 种原色：红（R）、黄（Y）、绿（G）、蓝（B）、紫（P）和 5 种间色：黄红（YR）、绿黄（GY）、蓝绿（BG）、紫蓝（PB）、红紫（RP）。然后，再进一步把这十个色相各自从一到十细细划分，总计得到 100 个刻度的色相环。用 5R、8R 等方式表示。这时各色相的第五号，即 5R、

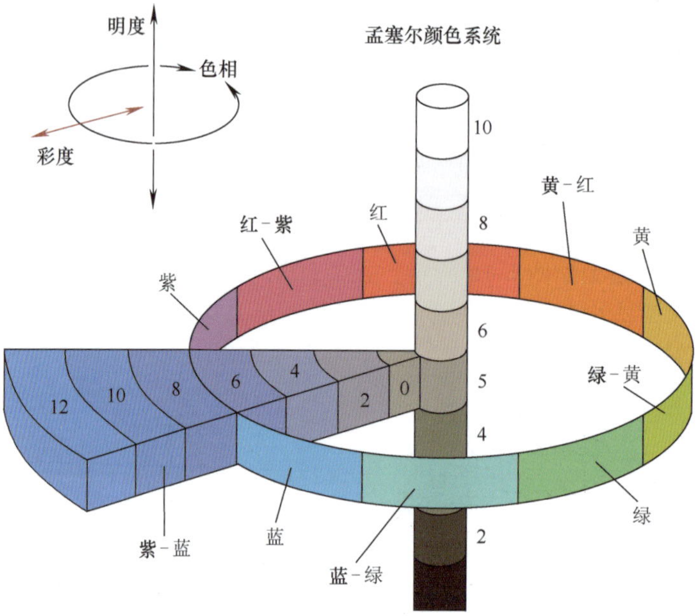

图 5-13 孟塞尔颜色立体模型之明度相同的水平剖面

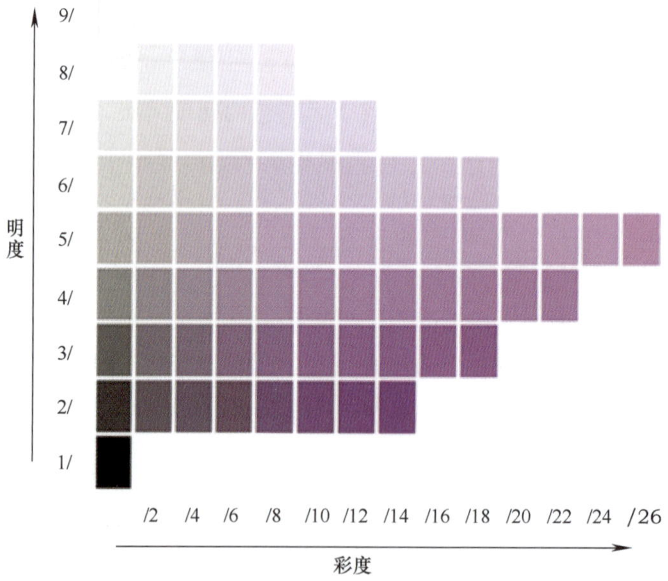

图 5-14 孟塞尔明度和彩度示意图

5YR、5Y……是该色相的代表色相。

所有的 1、2、3、4 号色的色相都倾向于顺时针的前一种色相；所有 6、7、8、9、10 号色的色相都倾向于顺时针的后一种色相。如 5R 是纯正的红色，1R、2R 等偏紫色，8R、9R、10R 等则偏黄红色。

图 5-15 孟塞尔色相

4. 孟塞尔颜色的标定方法

任何颜色都可以用颜色立体上的色相、明度值和彩度这三项坐标来标定，并给出一个标号。

（1）彩色的标定方法 先写出色相 H，再写明度值 V，在斜线后写彩度 C，即：

HV/C=色相明度值/彩度

例如标号为 10Y8/12 的颜色：它的色相是黄（Y）与绿黄（GY）的中间色，明度值是 8，彩度是 12。这个标号还说明，该颜色比较明亮，具有较高的彩度。3YR6/5 标号表示：色相在红（R）与黄红（YR）之间，偏黄红，明度是 6，彩度是 5。

（2）非彩色的标定方法 非彩色黑白系列又称为中性色，用 N 表示，在 N 后标明度值 V，斜线后面不写彩度，即：

NV/=中性色明度值/

例如标号 N5/的意义：明度值是 5 的灰色。

（3）微彩色的标定方法 对于彩度低于 0.3 的中性色，如果需要做精确标定时，可采用下式：

NV/(H,C)=中性色明度值/(色相,彩度)

例如标号为 N8/（Y，0.2）的颜色，该色是略带黄色明度为 8 的浅灰色。

由于孟塞尔颜色的标定是由色相、明度和饱和度的组合来表示颜色的，所以孟塞尔系统表色法又称为 HVC 表色法。

二、孟塞尔颜色图册

孟塞尔颜色图册是以颜色立体的垂直剖面为一页依次列入。整个立体划分成40个垂直剖面，图册共40页，在一页里面包括同一色相的不同明度值、不同彩度的样品。如图5-16所示，是颜色立体5Y和5PB两种色相的垂直剖面。中央轴表示明度值等级1～9，右侧的色相是黄（5Y）。当明度值为9时，黄色的彩度最大，该色的标号为5Y9/20，其他明度值的黄色都达不到这一彩度。中央轴左侧的色相是紫蓝（5PB），当明度值为4时，紫蓝色的彩度最大。该色的标号：5PB4/20。

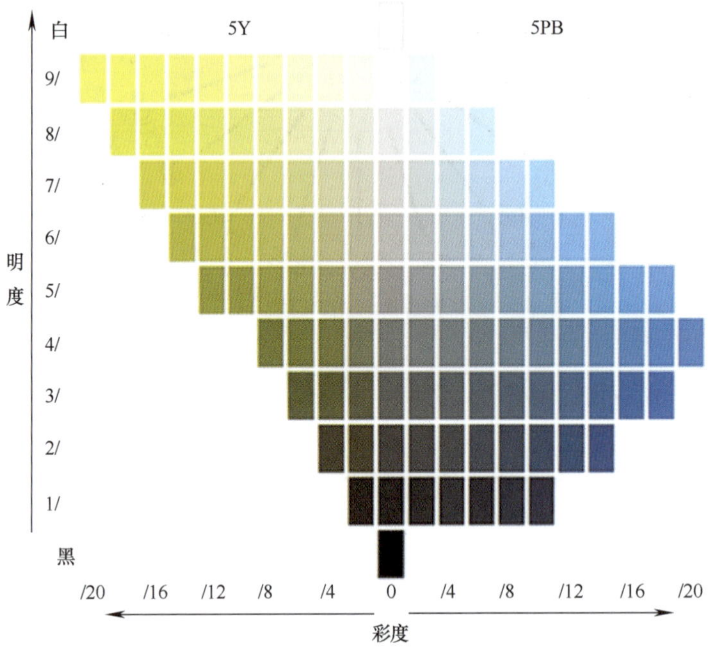

图5-16 孟塞尔颜色立体的Y-PB垂直剖面

由于孟塞尔颜色图册便于保管、携带和查阅，因此应用广泛，其具体作用如下。

（1）可以对任意表面色进行标定 只需在孟塞尔颜色图册中找到准确的颜色就能确定其孟塞尔标号，进而确定颜色的基本特征。例如丰田汽车logo（如图5-17所示）的颜色用孟塞尔标号5R4.5/15表示。在任何一个国家和地区，按此标号在孟塞尔图册中查出对应的色样即可进行印制，从而保证了全世界丰田汽车logo颜色的一致性。

图5-17 丰田汽车logo

（2）便于颜色科研和商业活动中异地讨论颜色问题 现在很多印刷公司都有海外印刷业务，对某个产品而言，只要通过网络传送产品的孟塞尔标号即可对产品的颜色进行确定，省掉了异地传送实物样品的麻烦，提高了效率。

(3) 有利于工业生产的数据化和标准化　因为孟塞尔颜色体系能用立体模型和颜色标号将日常生活和工业用色进行明确分类和标定，这对工业用色中推行数据化和标准化非常有利，是一种科学的表色法。

课后练习

1. 说明下列各颜色标号的意义。

(A) S2060Y50R　　(B) S3060B60G

(C) S1080G　　(D) S4060R80B

2. 针对生活中所用产品包装的专色或某一产品标签的专色，对照 NCS 颜色体系，分析该颜色的构成。

3. 孟塞尔颜色立体标定规则：HV/C 三个字母分别表示 ________、________、________。

4. 按孟塞尔颜色标号规则，________代表中性色。

(A) N7/　　(B) 5YR7/2　　(C) 5P6/4　　(D) 10GB4/7

5. 试说明如图 5-18 孟塞尔标号的含义，并找出其在孟塞尔上的位置。

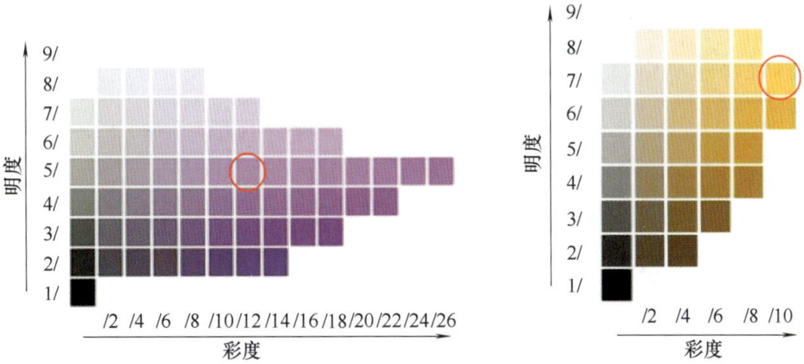

图 5-18　孟塞尔颜色训练

项目六　颜色的分解

知识目标

1. 能解释分色原理与灰平衡。
2. 能说出印前分色工艺与印刷颜色的关系。
3. 能说出调幅加网和调频加网的特点及相关参数。

能力目标

1. 能进行原稿分色与灰平衡控制，并能识别分色印版与样张。
2. 能正确选择分色工艺，并合理设定分色参数。
3. 能正确选择和应用网点。

学习任务1　软件分色及识别印版

任务描述

将一幅彩色图片使用专色分色软件进行颜色的分解。

要求：(1) 网点形状：圆形。

(2) 输出分辨率：2400dpi。

(3) 加网线数：120lpi。

(4) 各色版加网角度：青色15°、品红色45°、黄色75°、黑色90°。

(5) 专色加网角度为75°。

一、分色概述

1. 分色

四色印刷工艺是用青、品红、黄、黑四色油墨叠印表现颜色的，而原稿通常都有丰富细腻的色彩阶调。原稿上的颜色种类有成千上万种之多，那么如何用四种原色墨表现原稿上数以千万计的颜色？这就需要对原稿进行分色处理。分色就是将原稿上的颜色分解为黄、品红、青、黑四种原色颜色的过程。

如图 6-1 所示，原稿经分色后，四种原色成分按相应比例被分解开，各部位的相同原色以不同的浓淡比例组合在一起，成为青、品红、黄、黑四个单色。

图 6-1 颜色的分解

2. 分色的操作方式

传统印刷工艺中的分色经历了照相制版分色工艺、电子分色工艺、彩色桌面出版系统扫描分色等不同阶段，并随着科技的发展不断的更新着。

目前，分色过程是在原稿输入后完成的。原稿可以借助平台式扫描仪、滚筒式扫描仪、数码相机等设备输入到计算机中，转换为数字图像。这些输入设备是用不同的光学元件获取原稿颜色的，所以原稿在输入阶段会被分解为红、绿、蓝三种光色成分，表现为 RGB 模式。RGB 模式的图像可以在计算机显示器上显示出来，但不能进行印刷，如果要应用于印刷，必须进行分色，分成黄、品红、青、黑四种颜色。

分色的操作方式非常简单，只需在印前设计或图像处理软件中，把输入进来的原稿图像的颜色模式，由 RGB 模式转换为 CMYK 模式即可。分色工序完成后，图像的颜色被分解为黄、品红、青、黑四种成分，其信息储存在图像的颜色通道中，输出胶片时就会按颜色的通道数据生成网点，并分别生成黄、品红、青、黑四张分色胶片。

3. 滤色片

滤色片是分色的必备材料。滤色片的功能是只允许同色光通过，而将其他色光全部过滤掉。滤色片把彩色光分解成单色光的过程就是分色的过程。红、绿、蓝三色滤色片分色情况以及分色应用如图 6-2、图 6-3 所示。

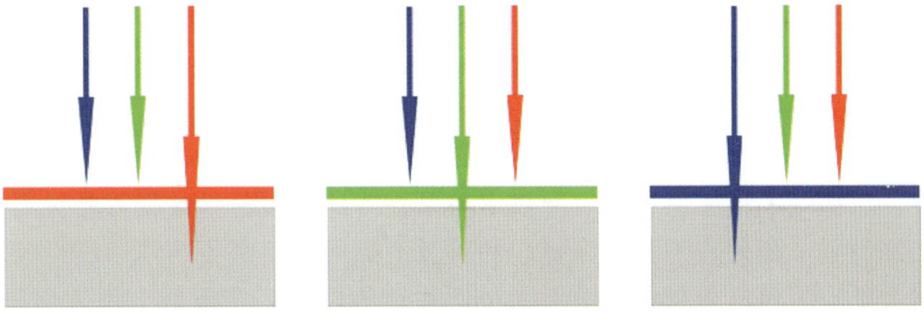

图 6-2 三色滤色片滤色过程

二、网点

网点是组成图像的基本单位，印刷就是通过网点的面积大小变化和疏密程度变化来再

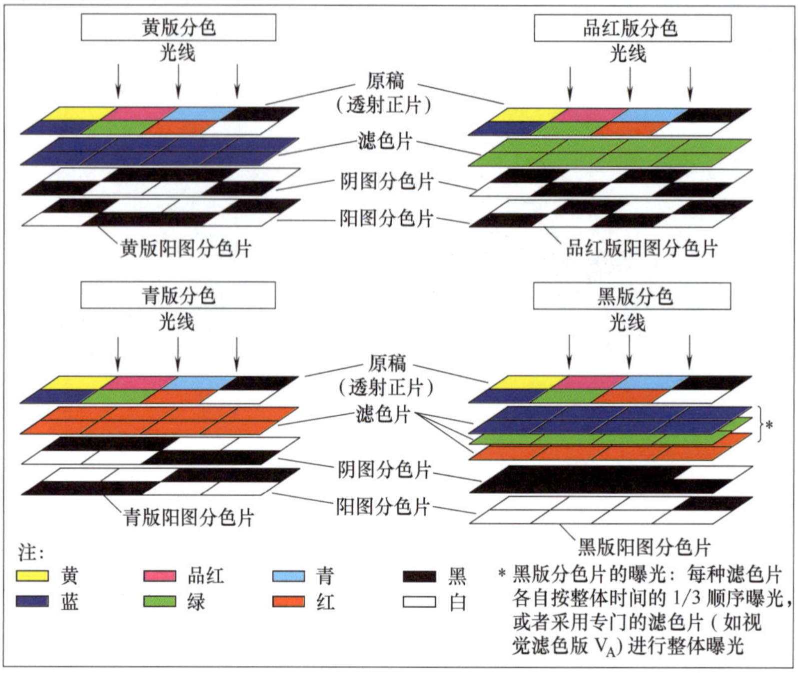

图 6-3　分色过程

现原稿的浓淡效果。

1. 网点作用

（1）网点可以表现阶调层次的变化　在传统四色印刷过程中，油墨的传递与合成必须借助印版，而印版上只有图文部分和非图文部分（空白部分）。如果印版不在微观上进行处理，那么通过该印版只能印出“完全着色”和“完全不着色”两种层次。色彩阶调无法实现连续渐变，就无法表现出原稿上丰富的阶调层次。如果能将印版上的图文部分分割成无数面积大小不同的小网点进行印刷，单位面积内的着墨量就有了变化，在视觉效果上也就有了不同的阶调层次。所以印刷过程中，连续调图像必须通过加网的方式转变成网目调图像，才能表现出图像阶调层次的变化。

如图 6-4 所示，网点大而密集的部位，网点密度极大，颜色所表现出来的层次就显得浓密；网点小而稀疏的部位，网点密度很小，颜色所表现出来的层次就显得淡薄。当网点在大小和疏密上进行循序渐进的变化处理后，图像的层次感就产生了。

（2）网点可以组织颜色　原稿图像上的颜色有成千上万种，但油墨只有青、品红、黄、黑四种，怎样用四种原色墨再现原稿上数以百万计的颜色？这就需要对图像中的单色信息进行加网设置。如果一种颜色在青版和黄版上都用大而密集的网点进行表现，将来印刷合成时就会呈现绿色；如果在青版上用小而稀疏的网点、在黄版上用大而密集的网点，将来印刷合成时就会呈现黄绿色。同理，将其他原色都用大小和疏密不同的网点来表现，最终印刷时，就能合成为各种不同的颜色，再现原稿丰富的色彩，所以网点可以起到组织颜色的作用。

如图 6-5 所示，当黄、品红、青三种原色，按各种不同的网点大小和疏密程度组合在一起时，其实质是在颜色之间做等量或不等量的混合。比如，任意两种原色网点以最大密

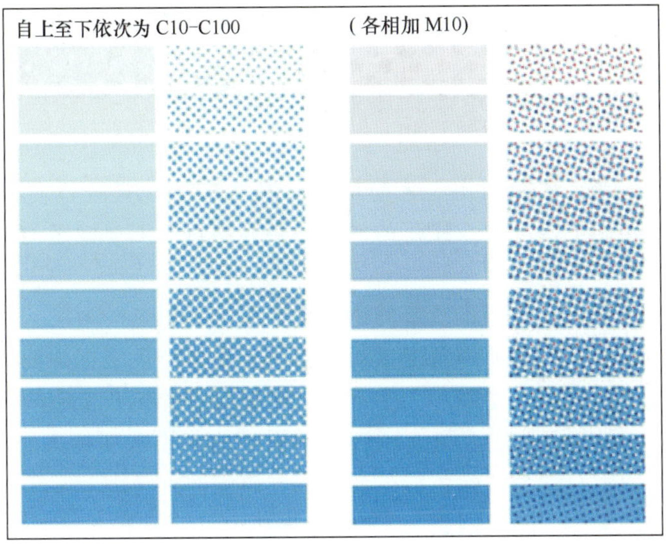

图 6-4　网点可以表现阶调层次的变化

度叠合在一起时，其实质是在做二者的等量混合，通过油墨点的叠合呈色，就能分别表现出红、绿、蓝三种典型间色的效果；任意两种原色网点以大小、疏密不同的方式并置时，其实质是在做二者的不等量混合，通过油墨点的并列、叠合、半并半叠，能表现出各种中间色的效果，色相倾向于网点面积相对大而密集的一色。可以看出，四色印刷就是通过网点的大小和疏密变化来组织颜色和阶调的，由四种原色墨就能组织出原稿上成千上万种颜色。

图 6-5　网点可以组织颜色

综上所述，网点虽小，作用却很大，它是将原稿的色彩和层次转移到承印物上的基本元素，起着组织颜色和再现原稿阶调的作用，是印刷过程中直接传递油墨的最小单位。

2. 网点类型

连续调图像原稿如果要应用于印刷，必须将图像的颜色信息转变为用网点大小和疏密表现的形式，这一过程称为加网。加网后的图像成为无数网点组成的网目调图像，根据加网方式的不同，可分为调幅网点和调频网点。

（1）调幅网点　调幅网点指单位面积内网点数量不变，网点之间的相对距离固定，但网点的大小有变化。通过网点的大小变化去再现图像的浓淡深浅色调。调幅网点是最常用的加网方式。对于原稿颜色深的部位，印刷品上的网点面积大，空白部分小；对于原稿颜色浅的部位，印刷品上的网点面积小，如图 6-6 所示。

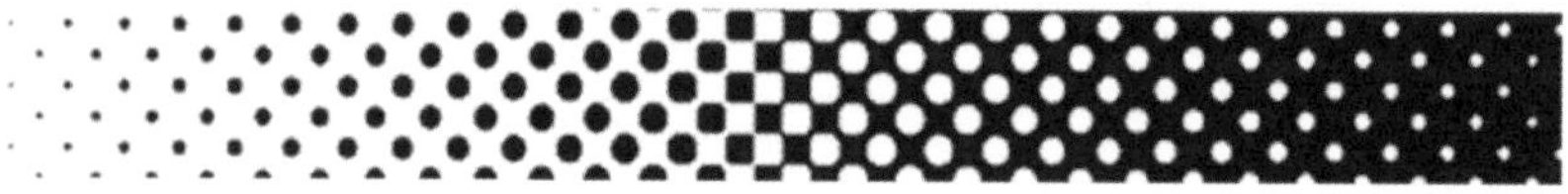

图 6-6 调幅网点

调幅网点的优点是：加网制作工艺简单，一般是通过 RIP 进行后台计算加网，应用广泛，具有良好的印刷适性。同一墨色的网点间距和网点角度是固定的，能稳定的表现图像阶调的连续变化。

调幅网点的缺点是：容易产生线条的锯齿化和断裂，影响清晰度。由于网点排列有规律，所以在四色印刷时容易因加网角度错误或套印有误而产生干扰画面的“龟纹”。

（2）调频网点 调频网点是网点大小不变，通过网点的疏密变化来表达图像的颜色层次，如图 6-7 所示。在印刷品上，网点越密，印刷时的着墨密度越大，颜色的阶调越深。网点越稀疏，着墨的密度越小，颜色的阶调越浅。调频网点是由非常小的网点不规则的分布表现颜色层次的，又称“随机网点”。加网的算法由计算机操作完成，点子越小，表现的色阶和层次越多、越细腻。

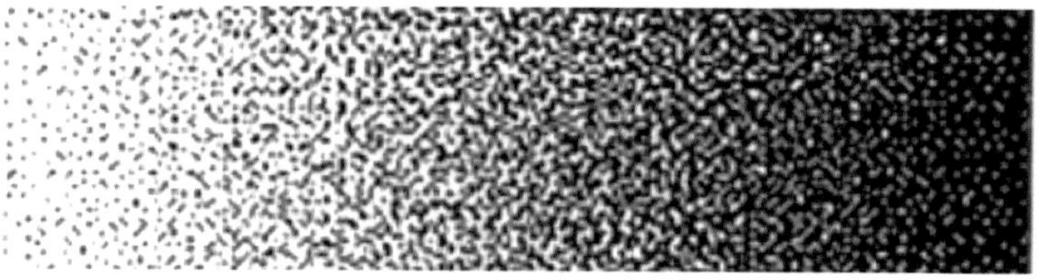

图 6-7 调频网点

调频网点的优点是：

① 不会产生龟纹。由于调频网点是无规则排列，因此，从理论上彻底消除了龟纹（调频加网没有网角的概念）。

② 由于调频加网不是靠网点大小变化调节油墨量，因此可以使用很少几个、甚至一个激光光点来构成网点，网点可以做得很小，使印刷品比较精细，如图 6-8 所示。

③ 一般来说调频网点在印刷中很少发生扩大突变。

④ 容易实现高保真印刷，由于不受印刷网角的限制，可以采用多于四色的印刷，加大颜色复制范围。

尽管调频加网有以上优点，但也存在着一些缺点，而且有些缺点还是目前印刷条件所不易解决的，这也限制了调频加网的使用，最主要的问题是：

① 网点丢失严重。由于加网网点小，几乎达到了晒版和印刷的极限，所以在晒版和印刷过程中很容易丢失网点，造成图像层次的大量损失。

② 对印刷条件要求苛刻。由于网点小，对印刷机的精度要求高，水墨平衡的条件不易掌握，也会造成图像质量变差（调频加网很适合无水胶印）。

③ 质量控制难度加大。由于调频加网是一种新的加网方法，传统的观察网点和判断颜色的方法都不再适用，网点扩大的规律不相同，所以对现在的操作人员来说，印刷质量控制有一定的难度。

④ 加网计算量大，输出速度慢。

调频加网是一种崭新的工艺，既可印刷精细产品，也可以用于低精度的报业印刷，因此受到印刷界普遍关注。

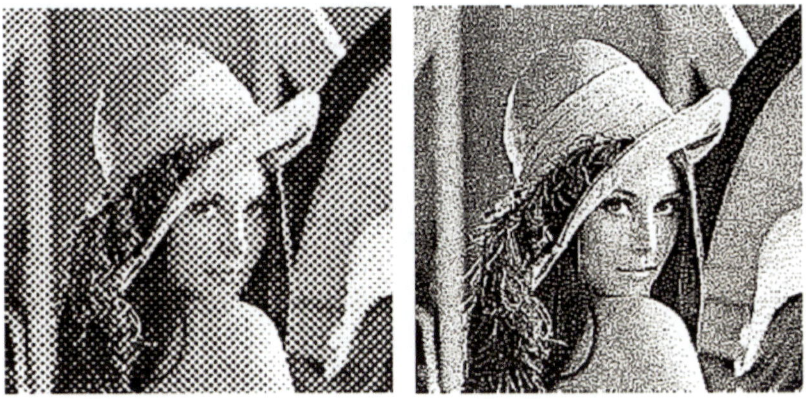

图 6-8 调幅网点和调频网点的比较

3. 调幅网点参数

由于调频网点的工艺要求相对复杂，所以目前四色印刷使用最多的还是调幅加网的方式。调幅网点具有四个基本特征：网点大小、网点线数、网点角度和网点形状。

（1）网点大小

① 网点大小的概念。是指在每一单元格网格中能接受油墨的面积占单元面积的百分比，也称网点面积率。一般用“成”来表示，10%的网点称为“一成”，20%则称为“二成”，以此类推，如表 6-1、图 6-9 所示。网点成数越大，印品版面墨色越浓，反之则浅。网点面积的大小，决定了版面层次的变化。

表 6-1 网点面积大小的换算

100%	90%	80%	70%	60%	50%	40%	30%	20%	10%
实地	九成	八成	七成	六成	五成	四成	三成	二成	一成

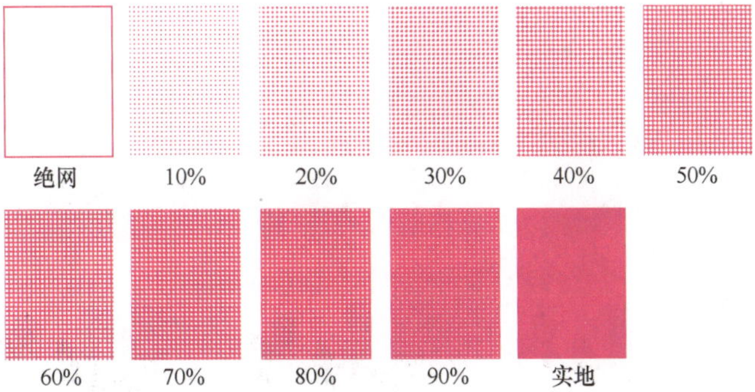

图 6-9 网点的大小

② 成数的判断。分色前，首先要确认某个点上网点的成数。网点成数可以用密度计测定：先测定网点的积分密度，然后再换算成网点面积的百分数，这种方法比较科学。

另外一种测网点成数的方法是用 10～25 倍放大镜目测鉴别：根据网点与空白之间的

关系来判断网点成数大小。其规律为：

a. 两个网点之间如果能填进三粒同样大小的网点时，这种大小的网点就称为“一成网点”，即 10%。

b. 两个网点之间如果能填进两粒同样大小的网点时，称为“二成网点”，即 20%。

c. 两个网点之间如果能填进 1.5 粒同样大小的网点时，就称为“三成网点”，即 30%。

d. 两个网点之间如果能填进 1.25 粒同样大小的网点时，就称为“四成网点”，即 40%。

e. 两个网点之间如果黑白对半，这种大小的网点就称为“五成网点”，即 50%。

f. 五成以下的网点成数与五成以上的网点成数互补，即四成网点与六成网点互补、三成网点与七成网点互补、二成网点与八成网点互补、一成网点与九成网点互补。也就是从六成网点开始则以白点的间距能容纳多少同样大小的白点来判定，其鉴别如图 6-10 所示。如两个纸色空白点之间可以填三粒同样大小的空白点，此时为“九成网点”，即 90%。

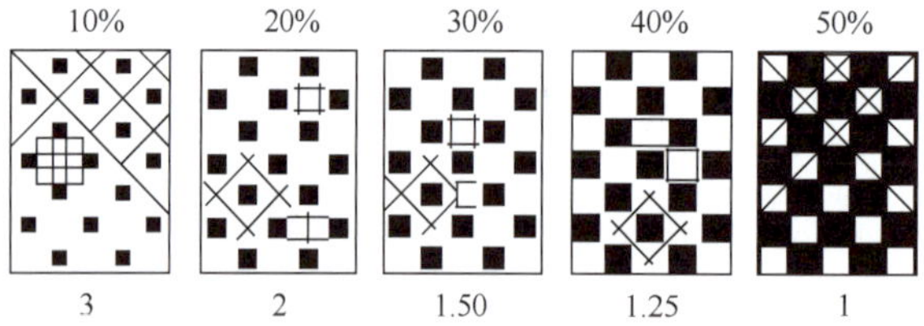

图 6-10 网点成数计算方法

通常画面上的层次分为三个阶调层次，即高调层次以 1 至 3 成网点组成，使画面上形成明亮部位。中间调层次表现画面明暗过渡部位，通常 4 至 6 成网点组成。而由 7 至 9 成网点组成的浓暗画面为低调层次。印刷版面上最明亮的地方，即高光部分为 1 成以下的网点。

（2）网点线数 网点的形成就是连续调原稿转换为半色调的过程，也就是加网的过程。加网线数也叫网屏线数，是指在调幅加网中，单位宽度内排列的网点数，以“线每英寸（l/in）”或“线每厘米（Line/cm）”表示。加网线数高，网线越细，单位面积内所容纳的网点越多，图像细微层次表达越精细；加网线数低，便会减弱网屏所表达的层次，图像细微层次表达越粗糙，如图 6-11 所示。

图 6-11 加网线数的变化

“线每英寸”和“线每厘米”的换算关系是：1in＝2.54cm，如表 6-2 所示。

表 6-2 **加网线数换算**

线每英寸/lpi	60	75	80	100	120	133	150	175	200
线每厘米/lpc	23.6	29.5	31.5	39.4	47.2	52.4	59.1	68.9	78.7

在实际生产过程中，网点线数的选择要根据印刷品的具体质量要求来确定。精美的印刷品要选择较高的加网线数，一般印刷品可选择中、低加网线数。表 6-3 所示为常见印刷品的加网线数。

表 6-3 **常见印刷品的加网线数**

印刷品类别		加网线数/lpi
胶版纸	报纸、户外广告、招贴、海报等	80～100
	单色杂志、书籍、期刊、明信片、广告宣传品等	100、133、150
	彩色杂志、彩色宣传品等	133、150
铜版纸	一般印刷品	150、175
	精美印刷品（邮票、纸币）	200

（3）网点形状　网点的形状是指单个网点的几何形状，主要有方形、圆形、链形等。此外，在印刷复制中，为达到某些特殊的艺术效果，还可采用一些特殊形状的网点，如波纹形、同心圆形、砖形、线形等。图 6-12 所示为一些常见的网点形状，图 6-13 所示为不同网点形状的图像。

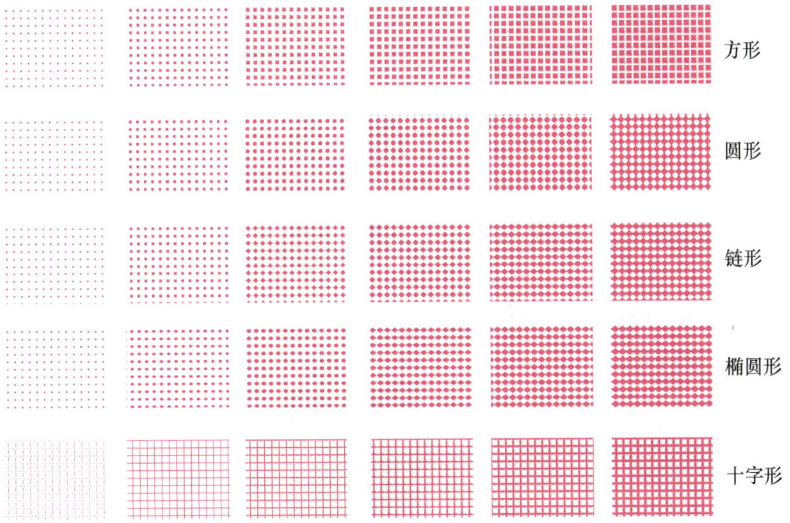

图 6-12　网点形状

① 方形网点。方形网点形状比较规则，借助于小倍数放大镜即可以看出网在印刷过程中的油墨转移情况，便于控制印刷质量。但方形网点在 50%具有最长的，在墨层、压力稍有变化的情况下，网点极易跳级，使得中间调不柔和，层次过渡性差，出现硬口等弊病。如表 6-4 所示。因此，方形网点不适合中间调层次丰富的原稿印刷。

② 圆形网点。圆形网点也具有形状规则，容易判别网点的转移质量的优点。圆形网

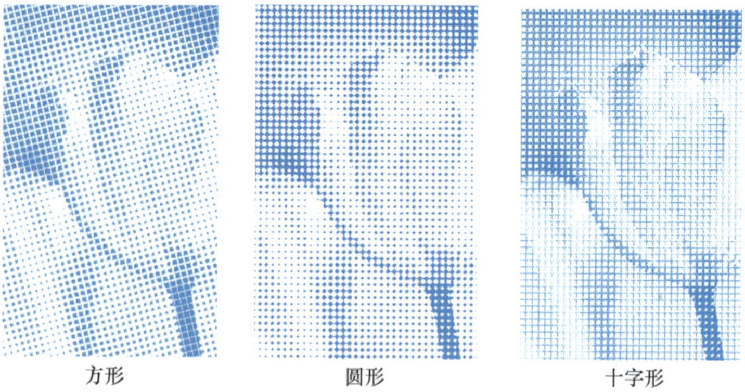

图 6-13　不同网点形状的图像

点在 70%处具有最长的周长，此处网点扩大最严重，暗高层次容易并糊，而中间调和中间调以下网点扩大较小，层次复制效果较好。如表 6-14 所示。因此，圆形网点不适合以暗调为主的图像的复制。

③ 链形网点。网点呈链形，也称菱形。链形两对角线是不等的，当长轴搭角时，网点面积约在 40%。当短轴搭角时，网点面积约在 60%。印刷时两处都会出现较小的层次跳跃，避开了中间调网点较大的变化。如表 6-4 所示。链形网点表现画面阶调特别柔和，反映层次也很丰富，特别合适以中间调为主的人物和风景图片的复制。

表 6-4　　不同网点形状印刷时的变化情况

网点形状	搭接部位	搭接图形	阶调特性
方形	50%	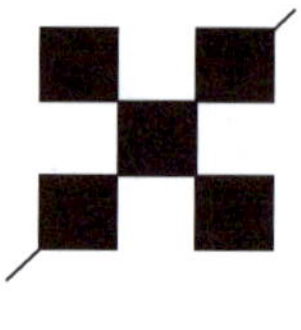	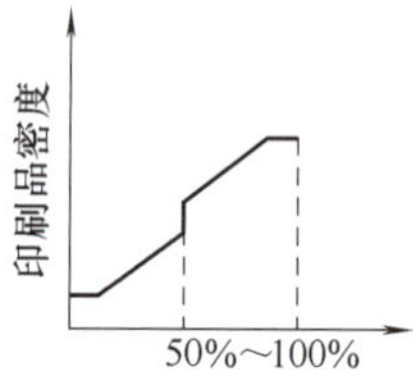
圆形	70%	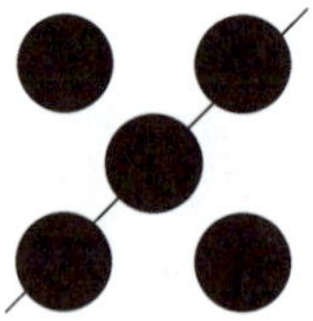	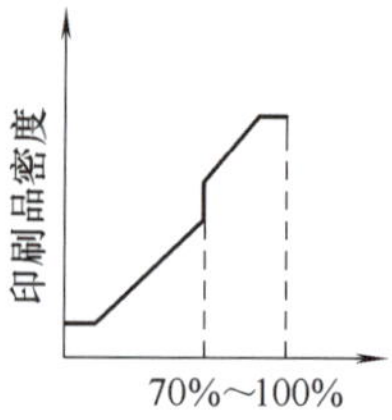
链形	约 40%和 60%		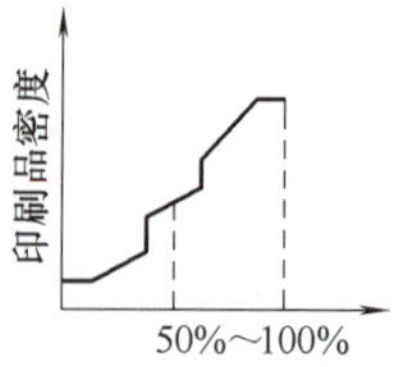

（4）网点角度

① 网点角度的概念。在印刷品上，如果利用放大镜来观察印刷品上的图像，则会看到组成印刷品图像的网点是按照一定的规律进行排列的。网点角度表示的就是网点排列的方向。一般情况下，网点角度指网点的中心连线和水平线之间的夹角，如图 6-14 所示。一般逆时针方形测得的角度就是该网点排列结构的网点角度，因为网点的排列结构是由相交 90°的纵横两列方向所组成。根据三角函数，约定网点角度只能够在第一象限内，其中 0°与 90°是相等的。菱形网点因为纵向和横向网点形状的不同，只有在 180°的两列方向上才能够算是完全一致的。圆形网点的排列方向可以在 180°内表示。对常用的方形网点来说，主要使用的网点角度有 0°、15°、45°、75°。

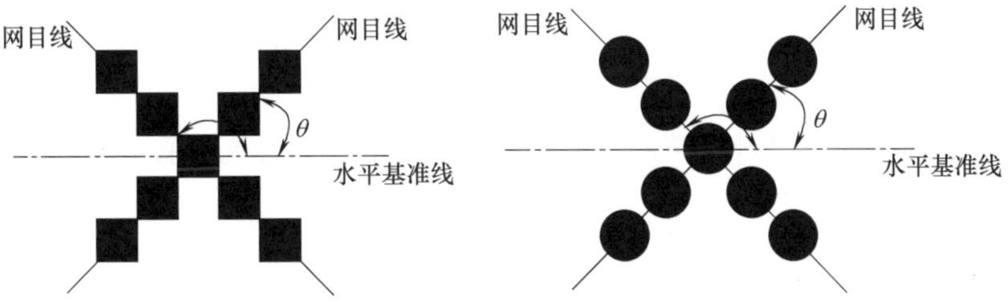

图 6-14　网点的角度

② 网点角度的特点。调幅网点存在明显的角度感。四色印刷前，每种原色的网点都要给予其一定的角度，为提高印刷质量，设置网点角度时，应注意网点角度的以下两个重要特点。

a. 从视觉效果来看，45°的网点角度对视觉最舒服、最美观，表现为稳定而不呆板，有生动活泼的感觉，被认为是最佳的稳定角度；15°与 75°次之，在水平或垂直方向有明显的锯齿感，虽不稳定，但也不呆板；视觉效果最差的是 0°（90°），虽然也稳定，但是太呆板，美感较差，如图 6-15 所示。

图 6-15　常用网点角度的效果比较（从上至下依次是：45°、0°、15°、75°）

b. 当两种以上角度不同的网点叠合时，在放大镜下会看到有明显的干扰花纹产生，称为龟纹或莫尔纹（如图 6-16 所示）。龟纹有美观和不美观的区分。观察发现，两种网点角度的角度差为 30°或 60°时，网点呈打散状态，纹路感相对较弱、对画面的干扰较少，

图 6-16 龟纹

这种比较美观的龟纹称为玫瑰纹。角度差为其他数值时产生的龟纹都不美观，如角度差为 15°时，会形成对画面干扰严重的方块纹，角度差为 45°时会产生布纹。所以，各网点的角度搭配应恰当，避免出现不美观的龟纹，从而干扰画面。

③ 四色印刷中网点角度的选择。四色印刷时，油墨层因含有杂质，所以透明度不可能达到 100% 的状态，相互之间一定会产生一定程度的遮盖。因此，四种原色墨的网角设置应相互错开，使四色墨点分散开，有利于其并列和叠合呈色。那么四色网点角度应该怎么安排才能达到最好效果呢？

设置四色网角的原则是：首先应有利于颜色阶调和层次的传递，其次应尽量避免产生强烈的龟纹。以下是四色印刷中安排网角时应遵循的一般规律。

a. 画面中的主色或最强色一般设置为 45°网角。从视觉效果上来说，网点角度为 45°时表达的效果最好，人眼看着也很舒服。因此通常都把图像中主要色的网点角度安排成 45°。

b. 画面中的次要色一般设置为 15°和 75°的网角。既然龟纹现象是不可避免的，我们就要试着将龟纹的干扰降到最低。有些龟纹对印刷品的干扰比较小，如：网点角度差为 30°或 60°时出现的玫瑰纹，如图 6-17 所示，就属于比较美观的龟纹。网点角度差为 45°、15°、75°时，产生的龟纹对印刷品的负面影响较大。所以，为了达到最好的版面效果，尽量选择差别为 30°的网角赋予其他次要的色版。因为主色一般选 45°，所以次要色可分别设置为 15°和 75°的网角，两者与 45°的主色网点角度差正好是 30°。

c. 画面中最弱的色可以选择 0°或 90°的网点角度。颜色有主次之分，也有强弱之分。比如表现天空、海洋、草地、森林的冷色调图像中，青色是主色，其余色是次要色；在食品、餐饮、人物肖像等暖色调图像中，品红色是主色，其余色是次要色。如果画面中缺乏鲜明的主色调，也可根据颜色的强弱来区分。从明暗和视觉效果来看，青、品红、黄、黑四个原色墨中，黑色、品红色、青色都属于强色，黄色属于弱色，在版面上的影响力最弱，即使形成纹路对画面的干扰也很小，所以通常将视觉效果不理想的 0°网角设置给黄色。

综上所述，画面中的主色或最强色通常选择 45°网点角度；最弱的黄色通常选择 0°网点角度；其余两个次要色分别选择 15°或 75°的网点角度。

比如，表现天空、海洋、草地、森林等图像时，网点角度可设置为：青色 45°、品红色 15°、黑色 75°、黄色 0°；表现食品、餐饮、人物肖像等暖色调图像时，网点角度可设置为：品红色 45°、青色 15°、黑色 75°、黄色 0°；如果图像色调中性、没有特别明确的主色，网点角度可设置为：黑色 45°、青色 15°、品红色 75°、黄色 0°等。

四色印刷选择调幅加网时，一定要注意网点角度的设置，若设置不恰当，就会产生不美观的龟纹，影响图像的视觉效果，如图 6-18 所示。相比较来说，调频网点是随机添加的，没有角度感，所以调频网点不会产生龟纹，这也是调频网点的优点之一。

图 6-17　四色网角叠合

(a)　(b)

图 6-18　错误的网点角度与正确的网点角度效果比较

（a）错误角度（四色角度差为 0）　（b）正确角度

三、在 Photoshop 中模拟分色

在 Photoshop 中打开原稿图像时，默认采用 RGB 模式来表现颜色，如图 6-19 所示。分色操作过程如下。

（1）执行“图像”→“图像大小”，修改图像分辨率（不要勾选“重定图像像素”），图像分辨率设置要求大于等于 300ppi。

（2）执行“图像”→“模式”→“CMYK 模式”，修改颜色模式。

（3）执行“通道”→“分离通道”。

（4）选择“分色测试图_K”通道的图片，执行“图像”→“模式”→“位图”，方法选中半调网屏，并设置其他参数，然后保存，保存为 TIFF 格式。

（5）重复第四步，对“分色测试图_C”“分色测试图_M”“分色测试图_Y”通道的图片，进行相应的设置。获得的“分色测试图_C”“分色测试图_M”“分色测试图_Y”“分色测试图_K”，如图 6-20 所示。

四、用专业分色软件 RIP 进行分色

使用专业分色软件 RIP 进行分色的操作过程如下。

图 6-19 Photoshop 中原稿图像的颜色模式

图 6-20 分色测试图

（1）双击打开“PSPNT3.0”软件。

（2）执行“光栅化”→“参数模板”。

（3）选择“Default for TIFF”后，点击“增加”，如图 6-21 所示。

（4）为模板命名，点击“确定”，如图 6-22 所示。

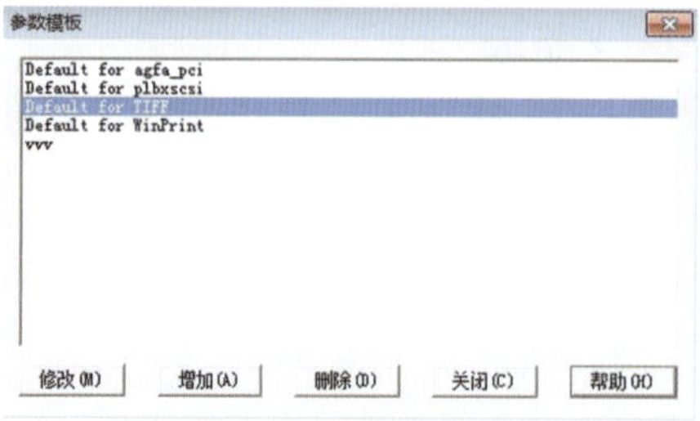

图 6-21 参数模板

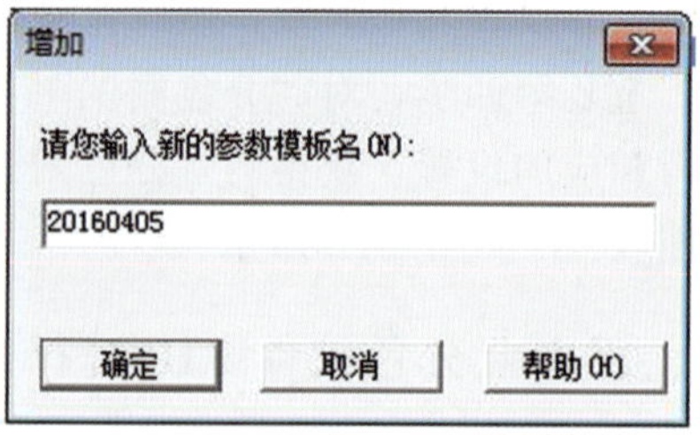

图 6-22 输入新的参数模板名

（5）点击“设备设置”，设置分辨率［输出分辨率＝加网线数×（12～16）］、彩色模式、是否允许送出专色、输出文件大小、打印 TIFF 文件路径等参数，点击“确定”，如图 6-23 所示。

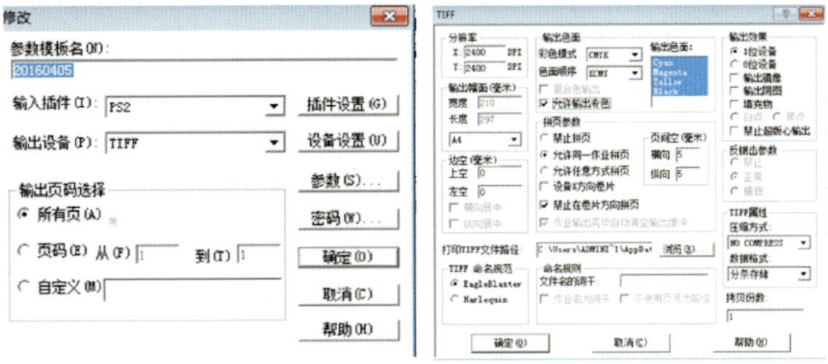

图 6-23 进行设备设置

（6）点击“参数”，打开相应对话框，设置网点类型、加网线数、加网角度、专色等相关参数，如图 6-24 所示（注意如果文件中包含 1 种以上的专色，需要点击“添加”）。

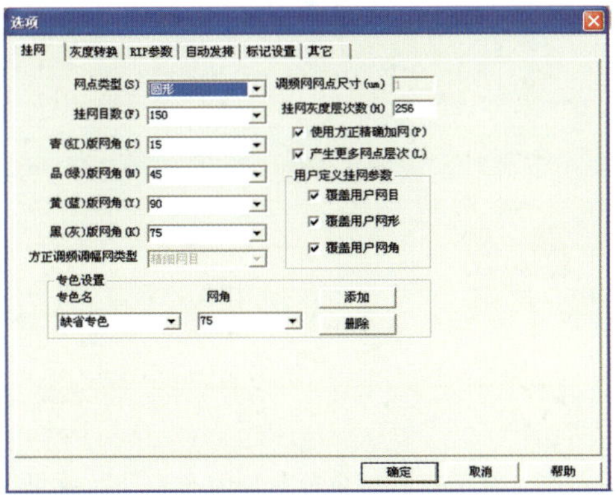

图 6-24 设置参数

（7）点击“确定”，将“参数”文件夹关闭。

（8）执行“光栅化”→“打开文件”。

（9）在作业监控器中，勾选“继续 Ripping”和“继续打印”，如图 6-25 所示。

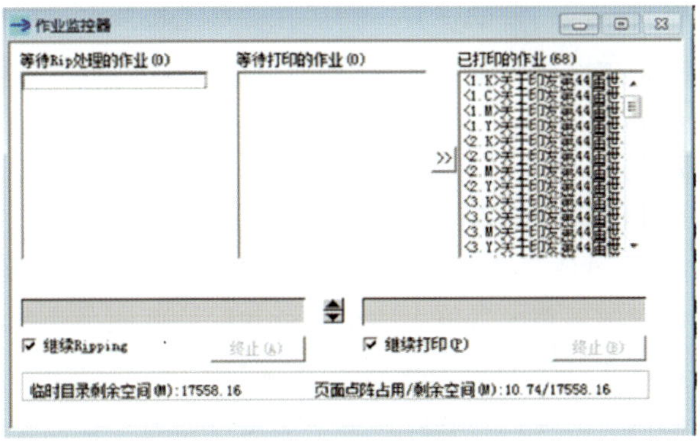

图 6-25 作业监控器

五、识别分色印版

1. 基本色与相反色

经过滤色片的分色后，各色版都有其基本色和相反色。如品红版，其基本色是品红、红、蓝和黑色，相反色是黄、青、绿和白色，如表 6-5 所示。标准色标分解为各色印版的效果如图 6-26 所示。

表 6-5　　各色版的相反色和基色

黄	相反色	相反色	基色	相反色	基色	基色
品红	相反色	基色	相反色	基色	相反色	基色
青	基色	相反色	相反色	基色	基色	相反色

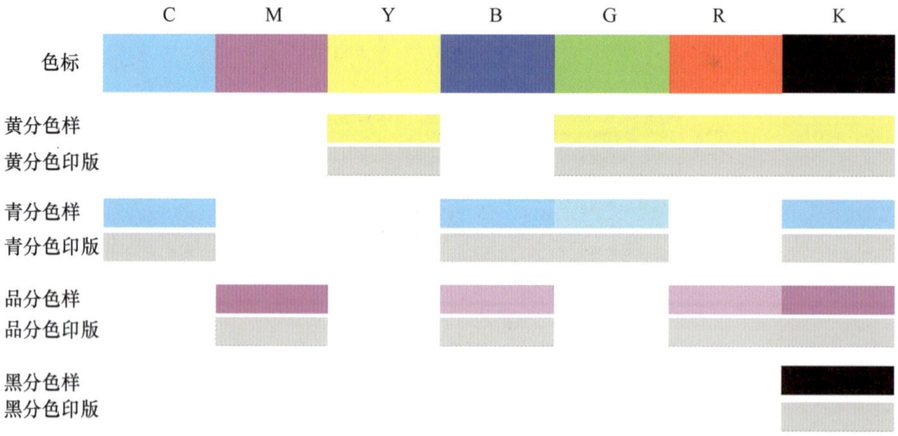

图 6-26　标准色标四色分色样及分色印版效果图

从图 6-26 可知，黄、品红、青三个分色印版，都呈现出其基本色，对应的黑色处也能呈现，但其对应的相反色都不会出现任何信息。黑分色印版只在对应的黑色处呈现，其他颜色处均无信息。

因此，对于任何一张彩色图片的印刷复制，在分析原稿特性时，先找出画面中三原色黄、品红、青与三间色红、绿、蓝的位置，然后在印版上按照上述特征，就可区分出各分色印版了。如果原稿在分色时，贴上了标准色标，就不需要我们寻找三原色与三间色的位置，区分印版就会更加简单。

2. 识别印版步骤

根据图 6-27 中的原稿和分色印版上的图像信息，确定 A、B、C、D 各为何色印版。

首先分析图 6-27 中三原色和黑色出现的位置，然后确定各色色版。步骤如下。

（1）确定黄版　原稿中黄色含量最大的是花朵和绿色草地，其对应的黄版量最大，看到的图文信息应最深，依此可确定 D 为黄版。

（2）确定青版　原稿中的绿色草地，其基本色是黄色和青色。即：黄版和青版上的草地部分都对应深色，对比 A、B、C、D 四幅图发现，A 和 D 的草地是深色的，而 D 是黄版，所以依此可确定 A 是青版。再结合蓝天中青色的含量也是较大的，可验证 A 是青版。

（3）确定品红版　原稿中有红色花朵，其品红色含量最大，对应的品红色版处应最暗，以此可确定 C 是品红版。

（4）确定黑版　根据排除法可知，B 是黑版。

图 6-27　分色印版识别

学习任务 2　分色工艺及参数设定

任务描述

在 Photoshop 中，根据要求将一幅彩色图像进行黑版的生成。

要求：（1）分色要求：油墨颜色为 SWOP（Coated）

网点增大：18%

分色类型：UCR（中）

黑色油墨限量：90%

油墨总量限制：300

（2）请将分色参数的界面进行截屏保存。

对于已经扫描进电脑中的原稿图片，将其从 RGB 模式转换成 CMYK 模式时，以图像处理软件 Photoshop 为例，学习分色工艺的参数设定。执行“编辑”→“颜色设置”→“自定 CMYK”（在弹出的颜色设置对话框的工作空间内的“CMYK”处选自定），则弹出对话框如图 6-28 所示。接下来即可在对话框中确定各种参数。

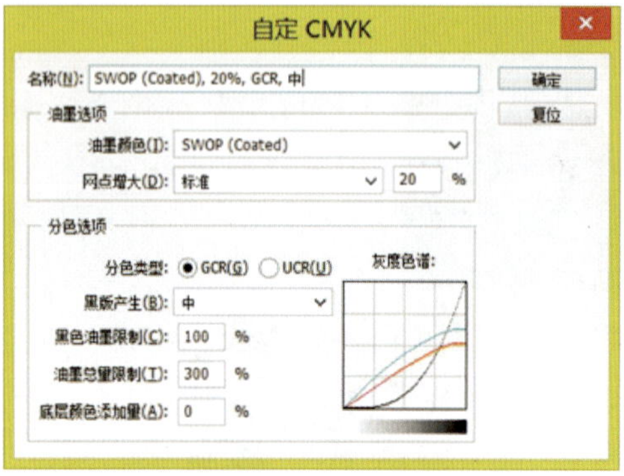

图 6-28 分色参数设定

下面详细讲述其中的设置参数及其各个参数的具体含义。

一、油墨选项设置

分色的目的是为了印刷，油墨在不同承印物上的印刷颜色效果有明显的不同，油墨选项就是选择印刷时所用的油墨在所用承印物上呈现的颜色效果。因此，需要设置与印刷相符的油墨品种和纸张类型。

1. 油墨颜色

油墨选项提供了油墨颜色的选择标准，如图 6-29 所示，列出了世界上一些著名品牌的油墨在不同承印介质上的选项。其中普遍使用的胶印墨色标准有：SWOP（Specifications for Web OffsetPublications）在美国常用，Toyo 油墨在日本常用，Eurostandard 在欧洲常用。按照印刷纸张，如铜版纸（Coated）、胶版纸（Uncoated）和新闻纸（Newsprint）各有不同的标准。选择不同的油墨选项，分色的结果也会有所不同，只有当选择的油墨与实际印刷油墨一致或接近时，选择与实际印刷相同的纸张类型，才能保证印刷时颜色还原的高度准确性。

但是，在油墨选项中，目前还没有国产品牌的油墨参数可供选择，根据长期的实践和反复测试，我们发现 Toyo Inks（Coated）选项比较接近国内大多数印刷企业的印刷环境。因此建议，凡是做高档彩色铜版纸印刷品，都应选用这个油墨选项进行分色。如果是在胶版纸上印刷，则可以选择 Toyo Inks（Uncoated）或者 SWOP（Uncoated）油墨选项，新闻纸则选择 SWOP（Newsprint）。

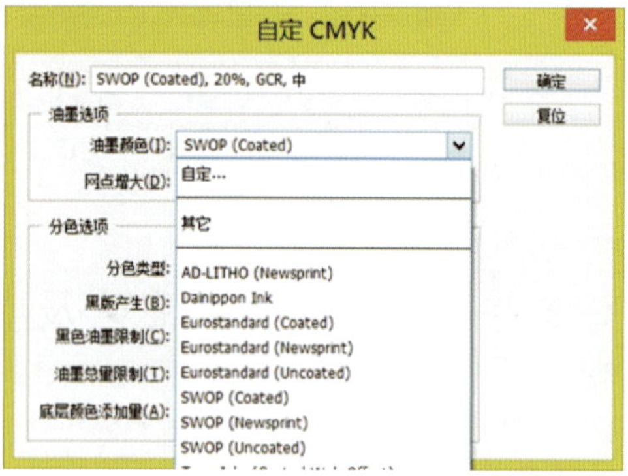

图 6-29 选择油墨颜色

如果在油墨颜色框里实在没有合适的选择，用户只有输入自己的油墨色彩数据，具体方法是：事先进行打样，样张上包括青、品、黄、黑油墨单色，黄＋品红、黄＋青、品红＋青、青＋品红＋黄及白色九个色块，用色度测量仪器测量样张上九个色块的色度数据，然后在油墨颜色框里选择用户自定义，会出现图 6-30 所示的操作界面。操作者可以将每种测量样品的色度数据输入到框中，输入完毕后就可以为自定义油墨颜色命名、存储，以便以后选用。

2. 网点增大

印刷油墨设置中另一个参数为网点增大，网点增大是印刷过程中网点面积率的变化，这是印刷过程中一个不可避免的问题。油墨在承印物上的渗透扩散会引起网点增大现象，这一现象由多重因素决定。一般情况下，印刷压力越大、承印物吸收性越强，网点增大值就越大；印刷油墨量越大，网点增大值也越大，如新闻纸、胶版纸的网点增大率就比铜版纸要大。而对于不同大小的网点来说，网点增大值是不同的，亮调、暗调网点增大值小，中间调网点增大值较大。此外，在晒版过程中，不同的曝光量也会改变网点的增大率。因此，在 Photoshop 中设置网点增大值就是对印刷中的网点增大现象进行预先的补偿，即分色时将网点适当减少，以弥补后端印刷时网点的增大。

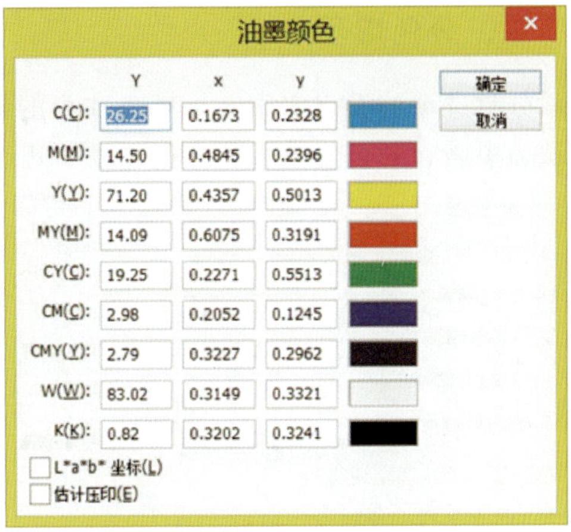

图 6-30 自定义油墨颜色

（1）标准模式 由于网点增大对中间调影响较大，因此在标准模式中，网点增大值参数将直接参照中间调网点，即 50%网点的增大值。例如，参数设置 20%是指印刷将 50%网点中间调印成 70%，通过 Photoshop 分色处理时将 50%网点下调到 30%，经过印刷后网点增大还原至 50%。设置标准模式参数时，我们还要根据不同的油墨参数，选择相应的网点增大值。如果选择新闻纸 SWOP（News Print）油墨选项，则网点增大值为 30%；选择 Toyo Inks（Coated）、Toyo Inks（Uncoated）或者 SWOP（Uncoated）油墨选项时，默认值为 20%。

（2）曲线模式 在曲线模式中，可以用复合通道和 CMYK 四色通道两种方式来设定网点增大，它可以针对最多 13 个层次来设定相应的网点增大，其专业程度高，设置精度也比标准模式高。曲线模式不但能给出各种颜色油墨的网点增大值，还可以同时用来补偿油墨的灰平衡特性。但是操作起来比较复杂，需要借助灰梯尺和密度仪，而且操作人员还必须具备很高的专业技术水平，通过逐个测试所有的 CMYK 四色梯尺，分别填入表中，例如原来 20%处灰梯尺经印刷后实测网点为 30%，则在对话框 20%一栏中填入 30%即可，如图 6-31 所示。

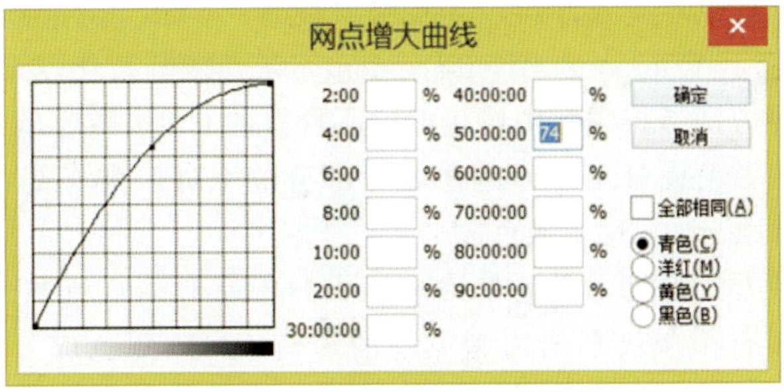

图 6-31 “网点增大曲线”对话框

二、分色选项

分色选项的设定实质上是黑色油墨的设置，如图 6-32 所示。经过长期实践，人们普遍认为黑版在彩色复制中的作用有以下几点。

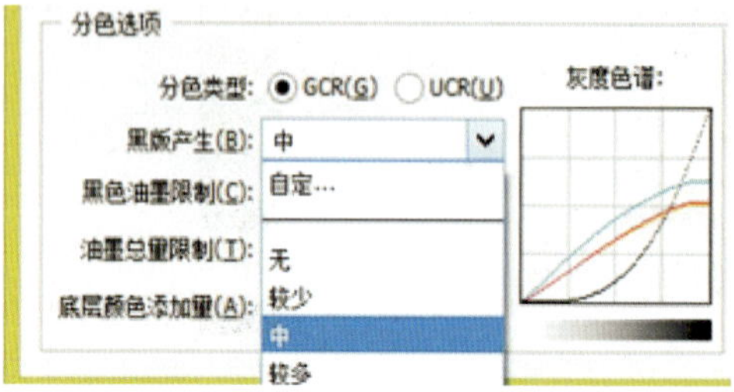

图 6-32　黑版设定

① 提高了灰色平衡的稳定性。Y、M、C 三原色油墨实现中性灰色平衡比较困难，采用底色去除工艺后，中性灰色平衡基本不受彩色墨量的影响，主要由黑墨实现中性灰复制。因此，灰色平衡易于实现。

② 增大了印刷品的密度和反差。按目前常规条件，Y、M、C 三色墨叠印后密度在 1.6～1.7，而人们视觉对暗调分辨能力可达到 1.8～1.9。因此，采用黑版可增强纸张对光的吸收能力，光的吸收率可从 96%增加到 98%，密度相应增大，阶调延长，提高了画面对度，增强了图像的立体感和空间感，使画面变得栩栩如生。

③ 加强了中间调至暗调的层次。在彩色复制工艺中，阶调再现的规律是：亮调区域层次得到保持和强调，中间调区域层次保持或略有压缩。目前，黑版阶调表现的重点一般是中间调至暗调区域，这样使得暗调区域层次突出，提高了画面的视觉效果，特别是满足了人们对文字的视觉要求。彩色复制需要图文并茂，从视觉要求看，黑色文字效果最佳，便于阅读。

④ 扩大了印刷适性，降低了印刷成本。黑墨可以认为是 C、M、Y 彩色印墨等量混合的结果。因此，画面某部分可以去掉一部分或全部去掉三原色印墨，用黑墨来代替，这样做既可以满足图像的色调要求，又减少了用墨量，降低了印刷成本。同样，黑墨的密度高于其他彩色印墨，在混合色区域用黑墨代替三种彩色墨，印墨总量降低，不仅避免了墨层在暗调区域的堆积，而且印墨的干燥速度加快，减少了粘脏现象，印刷适性有了提高，满足了高速、多色湿压湿印刷的要求。

总之，黑版的存在是印刷客观条件的要求，在油墨达不到理想要求、印刷仍以压力印刷为主的今天，黑版的制作工艺将长期伴随着印刷事业的发展而日益完善。我们可以通过对 Photoshop 分色选项的多重选择，来调节图像黑版的运用和印刷的油墨量。

1. 分色类型

该选项用来设定黑版的生成方式，共有两种类型：UCR（Under Color Removal，底色去除）和 GCR（Gray Component Replacement，灰色成分替代，又称非彩色结构）。

（1）UCR　这种方法是将图像中性灰部分所含有的 CMY 颜色成分用黑色来替代，保留图像中彩色部分的彩色成分不变。这样暗调部分的 CMY 颜色成分大部分由黑墨来替代，而其余部分保留原有的 CMY 颜色成分。

（2）GCR　这种方法则是用黑色替代彩色成分中所有的灰色成分，图像中无论彩色或中性灰色，只要含有符合灰平衡比例关系的所有 CMY 颜色成分，都由黑色来替代。GCR 改变了原图彩色结构的成分，因此，对 GCR 的程度和范围必须按照印刷适性的要求进行严格的控制。

2. 黑版产生

这项操作专门用于 GCR 分色法，控制从哪个阶调开始进行黑色替代，并决定了黑色替代曲线。黑色替代的阶调起点称为 GCR 起始点，黑色替代的范围是从起始点到暗调的最深处。在此项目有已经设定好的替代方法、替代范围和用户自制的方法，如图 6-32、图 6-33、图 6-34 所示。

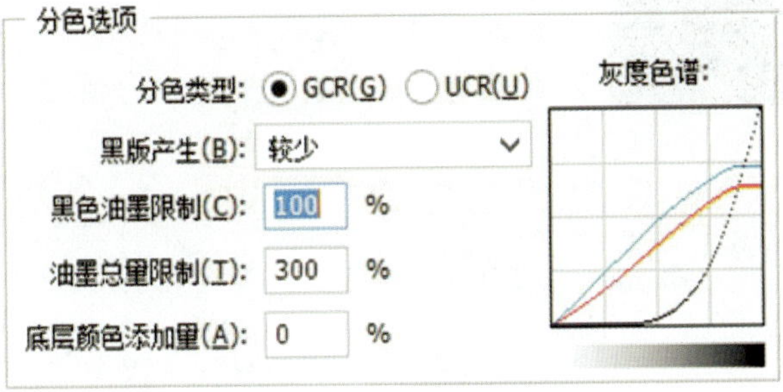

图 6-33　GCR 较少黑版

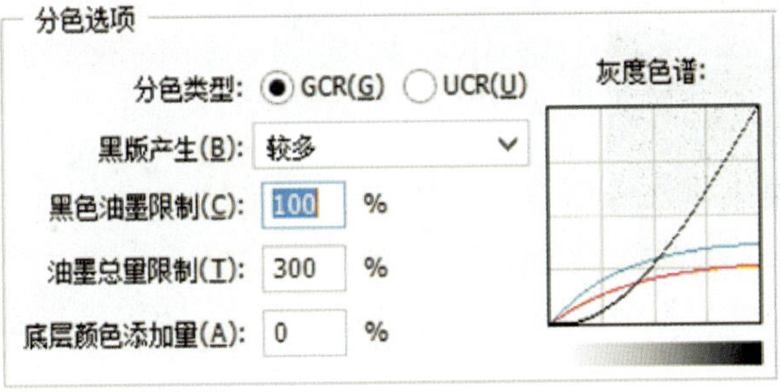

图 6-34　GCR 较多黑版

自定义

无——无黑色，产生 CMY 图像

较少——40%～100%黑替代，短调黑版

中——20%～100%黑替代，中调黑版

较多——10%～100%黑替代，长调黑版

最大值——全部进行黑替代，全调黑版

（1）短调黑版　短调黑版一般只在中间调和暗调部分出现，主要起增大图像反差、加强物体轮廓的作用，又名轮廓黑版或骨架黑版。适用于色调明快鲜艳的照片、水彩画等。如图 6-35 所示的图像，色调鲜艳、纯净、明快，用短调黑版可以较好地保持彩色墨的纯净和通透感。

（2）中调黑版　中调黑版又名线性黑版，是按正常比例制作的黑版。一般网点面积占全图总面积的 50%左右，适合所有正常阶调的图像原稿，使用率最高。如图 6-36 所示为一幅阶调饱满、明度适中的标准调图像，用中调黑版可以较好的保持颜色的纯正感，再现图像的阶调反差。

（3）长调黑版　长调黑版，又名全调黑版，网点面积占全图总面积的 80%左右。印

图 6-35 短调黑版在四色分色信息中的表现

图 6-36 中调黑版在四色分色信息中的表现

刷复制时采用黑色印版为主，彩色版为辅的分色方法。多用于表现颜色暗沉厚重的照片、水墨画、国画等。图 6-37 所示为一幅明度较低的图像，用长调黑版可以较大程度的减少彩色墨层的厚度。

由此可见，黑版的设定与原稿的特点息息相关。印刷分色时，应仔细对原稿的颜色、明度、饱和度、阶调层次等做出分析，根据原稿特点来判断生成哪种类型的黑版。

图 6-37 长调黑版在四色分色信息中的表现

3. 黑色油墨限制

影响黑版生成曲线形状的另一个方面就是黑墨限制，它是暗调部分允许的最大黑墨量。BlackGeneration（黑版产生）项用来建立黑色替代的阶调起始点，该项是用来设置暗调区域黑墨用量的极点。它决定了黑版产生时最黑处（100%实地黑）是否使用100%黑墨来生成，或者最黑处使用80%的黑墨再加上其他颜色以形成100%黑色效果。这个参数通常设置在85%～95%。

4. 油墨总量限制

该项参数是印刷机能够印刷的CMYK油墨叠印总量，其值是由所用印刷机和承印物决定的。原则上，所用油墨越多，产生的图像越好。但过量的油墨会影响到印刷工艺适性。多数印刷厂都知道自己的印刷机能够印刷的最大油墨量，可据此设定，也可采用平均常设的280%的总墨量。另外，在限制总墨量的情况下，黑墨限制设在90%左右是比较正常的。

5. UCA 数量

底色增益（UCA，Under Color Addition）是指对图像暗调部位在黑色叠印部分增加彩色油墨。当分色类型为GCR时，可以设定UCA的量。底色增益的量是指在图像暗调区域仍保留的彩色油墨量，这样可以在暗调区域恢复图像中性彩色和增加图像细微层次，使图像暗调不至于墨层单薄或缺乏层次，克服GCR工艺带来的缺陷，但UCA增加的彩色墨量较少，只影响较暗部分的中性色，如图6-38所示。

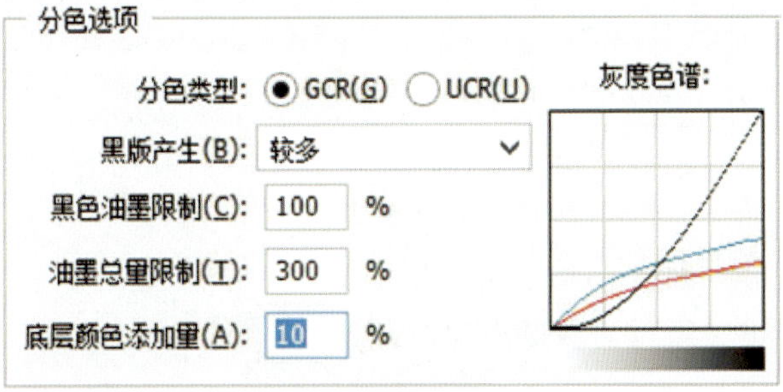

图6-38 设定底色增益

影响灰成分替代工艺的黑墨极限、总墨量极限和底色增益这三个因素，主要影响图像的暗调区域，他们设置的参数对GCR工艺方面的某些缺陷有一定的改善作用，对多色印刷的干燥和印刷品的质量也有很大的帮助。设置完成后，针对RGB彩色图像，通过主菜单“图像”下的“模式”命令，将其转换成CMYK四色模式，就完成了图像的分色。

每当使用一个新的CMYK输出系统和输出过程时，都应当对Photoshop内建分色模式的参数进行重新设置，然后起名保存以备下次调用，最好根据经验为每一个客户制定一个分色文件，以及和印刷厂合作，正确设定分色所需要的数值，以保证印刷的顺利进行。

三、灰平衡

1. 灰平衡的概念

印刷灰平衡是指以C、M、Y三原色版按不同网点面积百分比的组合，在印刷中生成中性灰色。具体地说，就是在一定的印刷适性条件下（纸张、油墨、印刷机等），C、M、

Y 三原色版从浅到深按一定的网点面积百分比组合套印，获得不同深浅的灰色（白、浅灰、中灰、深灰、黑），这个过程叫印刷灰平衡。

2. 灰平衡的作用和意义

由于人眼对于灰色的感觉特别敏锐，中性灰出现偏色很容易被察觉，因此在彩色复制过程中，能否达到灰平衡是判断复制质量的重要依据。灰平衡是衡量印前图像处理的阶调、色彩再现和彩色印刷中网点与墨量变化的尺度，贯穿于整个印前、印刷工艺的全过程，这是实现印刷复制色彩管理和标准化、数据化质量管理的统一标准，也是各工序共同遵守的准则。强调灰平衡的意义如下。

（1）控制色偏　由于黄、品红、青三色油墨都含有除了本身之外的杂色，所以不能以相同的油墨量叠印来得到想要的浓度。若 C、M、Y 三原色网点面积值组成的灰平衡比例不准，那么，色彩再现就会有偏异，如图 6-39 所示。因此，只要找到适当的叠印三原色的各种浓度去达到灰平衡，就可使印刷品不产生偏色。

正常　　偏色

图 6-39　色偏现象

（2）控制网点增大　知道了灰平衡数据（见表 6-6），就知道了三原色的网点百分比，从而可以判断出各阶调三原色的网点增大是否平衡。

（3）控制印刷密度　知道了灰平衡数据（见表 6-6），就知道了三原色的等效中性密度值，从而可以判断出三原色油墨量比例是否适当。

表 6-6　灰平衡数据

	网点面积百分比/%												
C	5	10	15	20	25	30	40	50	60	70	80	90	100
M	3	7	10	14	17	21	29	38	48	59	70	82	95
Y	3	7	10	14	17	21	29	38	48	59	70	82	95
K								3	9	38	54	71	89

3. 灰平衡的影响因素

在 CMYK 模式中，C、M、Y 三原色油墨，以同量的实地密度叠印却不能得到中性黑，而是偏红偏暖的黑，以同量的网点面积百分比组合叠印，却不能变成灰色，而是偏红偏暖的灰色。从色料减色法呈色理论上讲，三原色油墨最大饱和度的叠印应该呈黑色，以不同饱和度的同量三原色油墨叠印，应该呈现不同明度的灰色。那么，为什么三原色油墨同量叠印却得不到中性灰色而变成偏红偏暖的灰色呢？灰平衡问题涉及到的问题较多，影响因素繁杂，但归纳起来讲，主要表现为如下两个方面。

（1）油墨误差　由于三原色油墨本身对光的吸收和反射率不同，都存在色偏和带灰成分，即一种油墨中带有其他油墨色相的成分。如：青墨中就带有一些品红的成分，品红墨中带有一些黄的成分，这就造成了色偏和带灰成分，如图 6-40 所示。

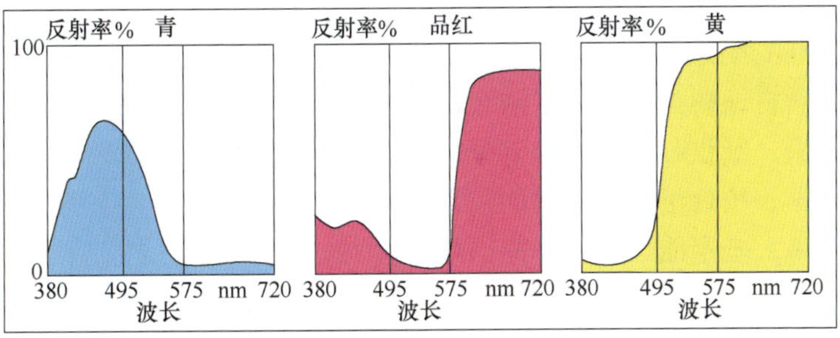

图 6-40　三原色油墨实际的光谱反射率曲线

通过对 DIC-GRAF-G 油墨的打样实验测量计算印刷适性，其色偏、带灰、色效率如表 6-7 所示。从表 6-7 看出，品红墨色偏最多，青墨色偏次之，黄墨偏色最少。因此，形成灰平衡的三原色网点面积百分比，应根据所用油墨特性及纸张等印刷适性条件，通过实验而获得。实践证明：只要油墨、纸张等印刷适性稳定，灰平衡网点面积百分比是可以固定的。

表 6-7　对 DIC-GRAF-G 油墨打样实验测量计算出其色偏、带灰、色效率值

	R	G	B	色偏/%	带灰/%	效率/%
C	1.65	0.48	0.19	18.8	11.5	82.1
M	0.21	1.40	0.63	35.2	15	70
Y	0.02	0.09	1.38	3.1	1.4	96

（2）视觉误差　人们的视觉对品红、黄色墨较为敏感，对青色墨较为迟钝。为了适应视觉效应，青色墨的实地密度值要大于品红、黄墨，三原色版的网点面积配比，青版要大于品红、黄版。实践证明，为了能在印刷中得到理想的中性灰色，就要改变 C、M、Y 三原色油墨的用量比例。

另外网点在高光（1%～10%）、亮调（10%～35%）、中调（35%～65%）、暗调（65%～90%）和深暗调（90%～99%）等不同区域，形成颜色的机理有所不同，在高光、亮调区域中，视觉能观察到的大多数是单独并列的 C、M、Y 三原色网点，其反射的是 R、G、B 的混合光，在颜色的合成上为色光加色法。而在中调区域中，由于网点面积增大，其网点互相叠合，所以颜色形成都为色料的减色法。因此，在亮、中、暗调三个区域中，所形成中性灰平衡的三原色油墨比例也是不一致的。

此外，还有其他因素影响灰平衡。如印前原稿及设备会影响灰平衡，其中，印前设备主要包括数码相机、扫描仪、计算机等，由于型号规格不同，因此在将它们加入工艺流程前，要评估一下各方面性能，进行合理的选择。而在印刷过程中，墨头的喷嘴部分堵塞，纸张差别和墨水浓度的少许变化都会影响灰平衡，因此在印刷过程中更换纸张、墨头每使用 200ml 时或者更换墨水批次时，最好能检验一下灰平衡，如果有明显偏差就应该调整。

4. 灰平衡的控制

从前面的内容可知，三原色油墨等量混合获得的颜色偏红棕色，要适度增加青色成分的比例、减少品红和黄色成分的比例，校正其偏色的现象，达到视觉上接近灰色的效果。但在具体操作时，到底应该增加多少青色成分、减少多少品红和黄色成分，单靠目测无法把握这个量。在印刷过程中若想做到准确的灰平衡设置，必须在测量打样稿的油墨密度后，根据测得的数据，在印前进行有针对性的校正设置。

（1）Photoshop 的灰平衡曲线设置　在图像处理软件 Photoshop 中，只要设定好油墨和纸张类型，就会自动获得一组灰平衡数据。方法如下：用灰度图方式创建一个渐变的灰梯尺，然后对油墨、纸张等做出选择，分色时设定不生成黑版的方式，就可以在分色后获得一组灰平衡数据。按这组数据设置的灰色，将来印刷的效果基本上不会产生偏红棕色的现象，在视觉效果上基本能达到灰平衡的状态。

观察图 6-41 所示的灰平衡曲线可以看出，由于三原色油墨等比例混合得到的颜色偏红偏黄，所以青色油墨的用量应高于黄墨、品红墨的用量。因此，青色曲线在各层次上都普遍高于品红色和黄色曲线，即：三原色墨不等比例混合，且青色墨比例适当提高时，才能获得视觉上的灰平衡效果。

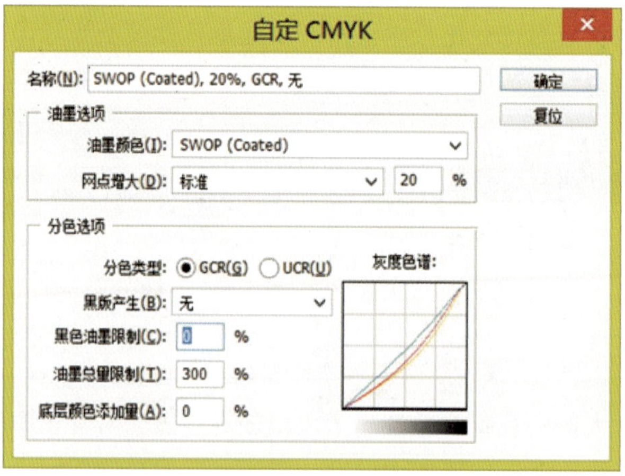

图 6-41　Photoshop 的灰平衡曲线设置

（2）灰平衡关键区的控制　在生产中，应控制好 4 个关键区的灰平衡网点面积比例，即高光区域，1/4 调区域，1/2 调区域和 3/4 调区域，要求灰平衡网点面积比例十分严格，必须准确。

掌握了灰平衡数据以后，操作者不仅能够方便、快速地进行扫描，而且还能针对原稿的偏色进行有效的纠偏，只要在纠偏时对原稿灰色调达到灰平衡，就不必担心在纠偏后会产生相反的色偏现象。

总而言之，印刷的灰平衡问题是影响印刷品质量的最主要因素，印刷企业要想获得让客户满意的印刷品，就必须熟悉印刷的有关内容，从根本上理解灰平衡的基本理论，了解影响印刷灰平衡的主要因素及关键控制点，进而在此基础上做好印刷灰平衡的调节与控制，保证印刷品的高质量与稳定性。

四、UCR 与 GCR

四色印刷时，图像的暗调部分在各个印版上都有较浓密的颜色分布。假如我们要表现一个油墨比例为 C（100%）、M（100%）、Y（100%）、K（100%）的纯正黑色，那么该部位将来要以 100%的油墨覆盖率叠印四次，最终将达到 400%的油墨总覆盖率，这样厚的墨层覆盖率在当今的四色印刷工艺中很难实现。这其中有两个原因：

① 四色印刷速度很快，要求一色印完后马上开始印另一色。如果墨层很厚，干燥速度会减缓，前一油墨未完全干透时，后一油墨很难附着其上，叠印效果会很差。

② 由于干燥速度慢，印完的纸张容易粘连在一起，油墨之间也容易互相粘脏，造成次品率增加，影响印刷质量。

因此在印前阶段，一定要采取一些手段，降低复色成分、特别是暗调部分复色的油墨总量。在保证复制效果的前提下，尽量减少墨层总厚度、缩短油墨干燥时间，适应高速多色印刷的生产需要。常用的工艺有底色去除和灰成分替代两种。

1. 底色去除工艺（UCR）

UCR 是指在分色过程中，借助软件技术将图像较暗区域的复色中青、品红、黄三原色等量减少一部分，适量增加黑墨来替代的技术。

UCR 的理论依据有两个：第一是根据减色法代替律，两种成分不同的颜色，只要视觉效果相同，就可以互相代替使用。第二是三原色等量叠加可以产生黑色或一系列明度不同的灰色。基于以上两个原理，可以用适当浓度的黑色墨来代替图像中三原色等量的部分，而视觉效果基本保持不变，这就是 UCR 的基本原理（如图 6-42、图 6-43 所示）。

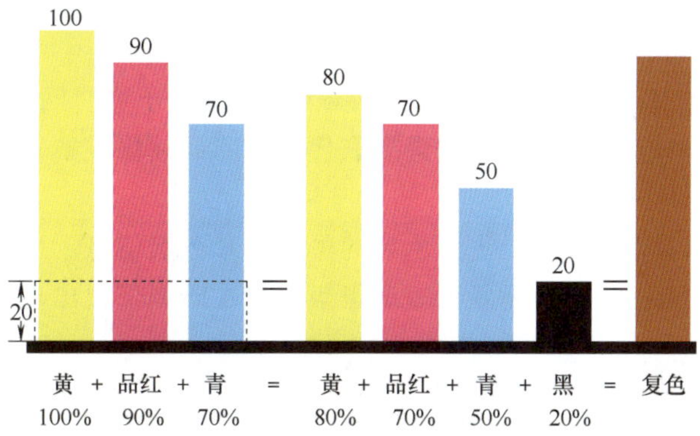

图 6-42　UCR 的基本原理（底色去除 20%）

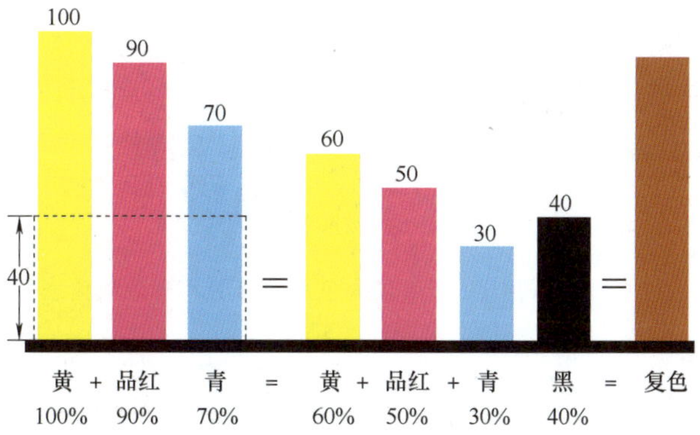

图 6-43　UCR 的基本原理（底色去除 40%）

UCR 只对图像中由三原色叠合而成的复色起作用，对鲜艳的原色和间色不起作用，这是因为只有复色中才含有三种原色成分，才能被等量的去除一部分，用明度不同的灰色或黑色取代。

若想表现图中的复色色样，可采用以下几种方法。

(1) 不使用任何分色手段，直接用100%的黄墨、90%的品红墨、70%的青墨进行三色叠印，油墨总覆盖率为100%Y+90%M+70%C=260%。

(2) 因为20%（C+M+Y)=20%K，所以可将青、品红、黄三原色墨中的20%等量的部分去除，用20%的黑墨取代。最终的油墨配比为：80%的黄墨、70%的品红墨、50%的青墨、20%的黑墨进行四色叠印，油墨总覆盖率为80%Y+70%M+50%C+20%K=220%。

(3) 尝试将彩色墨去除更多。因为40%（C+M+Y)=40%K，所以可将青、品红、黄三原色墨中的40%等量的部分去除，用40%的黑墨取代。最终的油墨配比为：60%的黄墨、50%的品红墨、30%的青墨、40%的黑墨进行四色叠印，油墨总覆盖率为60%Y+50%M+30%C+40%K=180%。

在以上三种方式中，最终得到的颜色都是相同的复色色样，但采用第一种方式时，油墨总覆盖率达到260%，采用第二种方式时，油墨总覆盖率降到220%，采用第三种方式时，油墨总覆盖率降到180%。后两种方式都是属于底色去除工艺的应用。除了上述底色去除方式，也可按其他比例进行三原色墨的等量去除和黑色墨的取代，比如去除25%或50%的等量部分，也可达到减少油墨总覆盖率的作用。

UCR 工艺的优点是：油墨的总覆盖率直线下降，油墨干燥时间缩短，减少印品粘脏、提高印刷适性、改善叠印效果；彩墨被黑墨取代可以降低油墨成本；有助于稳定暗调部位的颜色，不易产生偏色。

如图6-44所示是采用UCR工艺分色后的黑版和彩色版信息。可以看到，彩色版仍然具有较大密度，颜色比较鲜纯；黑版为短调黑版，只在暗调部位出现，起到骨架的作用。

图6-44 采用UCR工艺分色后的黑版和彩色版信息

从图6-44中的各色信息可以总结出，UCR 工艺有以下几个特点。

(1) 黑版的作用范围较小，UCR 工艺只对图像画面中较暗部位的复色进行去除和取代。较浅的部位，比如人物面部的高光区域、物体的受光部位等，即使有复色成分也不进行取代。这是因为，暗调复色的油墨总覆盖率相对较高，用黑墨进行部分取代可以减薄墨层，有利于印刷和干燥。而亮调处复色的油墨总覆盖率相对较低，不需要进行取代。因此UCR工艺生成的黑版上，只在较暗部位有黑色信息。

（2）在UCR工艺中，彩色是主色、黑色是辅助色。黑版作用的范围较小，只在较暗部位和部分中间调区域出现，属于短调黑版，又称骨架黑版，可以起到加强图像反差，使图像中的轮廓形象更加突出的效果，这是采用UCR工艺分色最明显的特征。

（3）采用UCR工艺时，复色中三原色等量的部分没有被全部去除，只用黑墨取代了一部分，暗调处大部分复色仍是由青、品红、黄、黑四种颜色成分组成，所以暗调部位的颜色显得非常饱满，画面非常丰富。

2. 灰成分替代工艺（GCR）

GCR工艺是指在分色过程中，借助软件技术将图像画面中所有复色中所含有的灰色成分全部去除，适量增加黑墨来补偿的技术。

GCR工艺属于UCR工艺的“升级版”。UCR工艺是将暗调部位复色中的三原色成分，适当的等比例去除一部分，用黑墨来取代。而GCR工艺则是将整个画面中所有复色的三原色等量部分全部去除，用相应浓淡的黑墨来替代。简而言之，UCR工艺中能用彩色表现的，尽量用彩色去表现；GCR工艺中能用黑色表现的，尽量用黑色去表现，原理如图6-45所示。

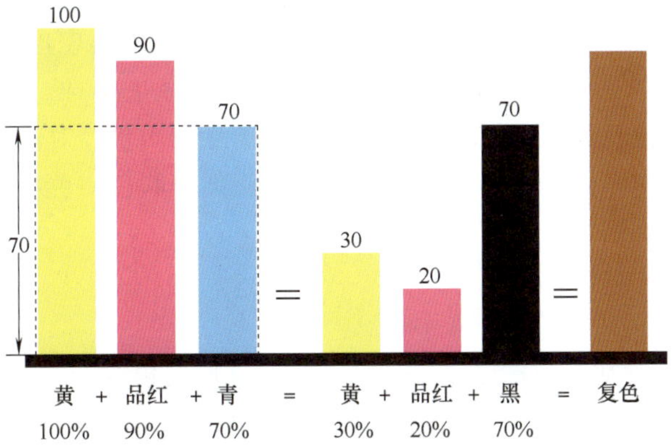

图6-45 GCR工艺原理

采用GCR工艺时，从亮调到暗调的所有复色，都以比例最小的一种原色为基数，去除了三原色等量的部分。也就是说，在所有复色部位，比例最小的一种原色墨被全部去除了，所以GCR工艺的实质是“两种原色”加一种“黑色”的混合方式。如图6-45所示，复色色样以比例最小的青色为基础，将三种原色70％的等量部分全部去除，用70％的黑色替代。最终表现为30％的黄、20％的品红和70％的黑色的三种色的混合，油墨总覆盖率将为120％。

如图6-46所示，是采用GCR工艺分色后的黑版和彩色版信息。可以看到，彩色版的颜色密度已经大大降低，墨层已经减到很薄；黑版为长调黑版，从亮调到中间调到暗调都有黑版成分分布，成为印刷合成时最主要的印版。

GCR工艺的特点是：GCR工艺以黑版为主、彩色版为辅；黑版作用范围宽广，从亮调部位到暗调部位全阶调范围内的复色中，三原色等量部分都被灰成分替代。黑版属于真

图 6-46　采用 GCR 工艺分色后的黑版和彩色版信息

正的长调黑版，这是 GCR 工艺最显著的特征。

GCR 工艺的优点是：油墨覆盖面积大大减少，油墨干燥速度快，适合多色印刷的要求，为后续印刷提供了优化的条件；改善了印刷过程中三原色油墨量的波动性而造成偏色、露色等弊病，有利于中性灰色的平衡，从而提高了色彩再现的稳定性；彩墨用量大幅减少，能降低油墨成本；对以黑色和灰色为主的中国画中的水墨画、古画复制极为有利。

GCR 工艺的缺点是：由于彩色油墨量的减少和黑墨的极大密度值不足，会暴露出网点的细微结构，使复制品的饱和度下降，色泽暗淡，光泽度不佳。即使最轻微的套印不准，也会在黑色和其他色域间出现闪亮的白边，影响复制质量。对浅调复色，因缺乏透明感而发灰，显得不纯净，并且色彩单薄；对人物的脸部等肤色，色彩复制不够理想；对分色片和三色样张不易识别，难以掌握。

课后练习

1. 四色印刷时设置加网角度的原则是什么？安排加网角度的一般规律是什么？
2. 辨识网点角度：说明以下原稿图片的加网角度分别是多少？

3. 调幅网点角度安排训练：观察下列三张原稿图片及对应的分色印版信息，分析原稿的颜色特点，分析几幅原稿图片的主要色和次要色分别是什么，并确定各色印版的加网角度。

A:

B:

C:

D:

A:

B:

C:

D:

4. 根据下列三张原稿图片的特点，在 Photoshop 中选定分色工艺，并设定相关的分色参数。

原稿 1

原稿 2

项目七 颜色的合成

知识目标

1. 掌握颜色合成的原理。
2. 了解网点的呈色方式。
3. 理解影响颜色合成的因素。

能力目标

1. 能对四色印刷合成的色样做出判断。
2. 能在 Photoshop 中模拟颜色的合成。

学习任务　颜色的合成

任务描述

在 Photoshop 中，模拟印刷品的颜色合成过程。

一、颜色合成

1. 颜色的合成

用分色胶片晒版后，得到一套印版，分别是青色印版、品红色印版、黄色印版、黑色印版。印版的版面有平版、凹版、凸版和孔版之分，具有选择性吸附和传递油墨的功能。版面分为图文区域和空白区域两部分，图文部分被处理为具有可吸附油墨的属性、空白部分被处理为具有不吸附油墨的属性。只有图文部分具有接受和传递油墨的功能。

印刷时，四块印版被依次安置在印刷机上，在机械动力的作用下，以一定的压力将油墨压印并转移至纸张等承印物上，按一定的色序套印四次，即可表现出彩色印刷品的全貌，这一流程称为颜色的合成，如图 7-1 所示。

油墨层具有透明属性，当印完一种颜色再印另一种颜色时，两者产生叠合呈色的效果。依次叠印四种原色墨的过程，就是图像色彩渐次呈现的过程。根据版面上所叠加的原色墨的个数，依次称为单色样、双色样、三色样、四色样，四色样就是最终的颜色效果。

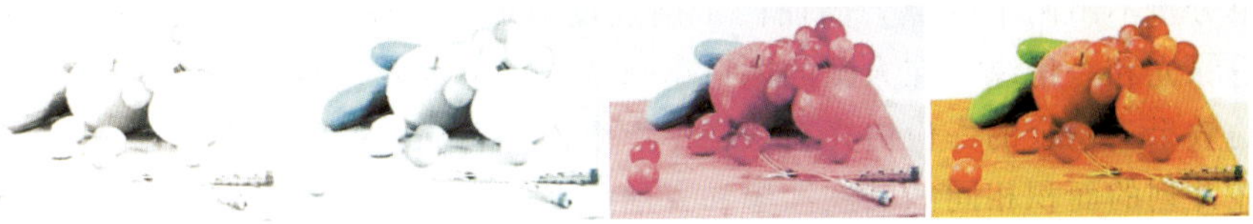

图 7-1　色彩的印刷合成（按 K→C→M→Y 色序印刷）

仔细观察图 7-2 所示的各种印刷色样，对各种色样的效果进行反复地识别和辨认，逐渐提高自己辨别颜色和理解颜色的能力。

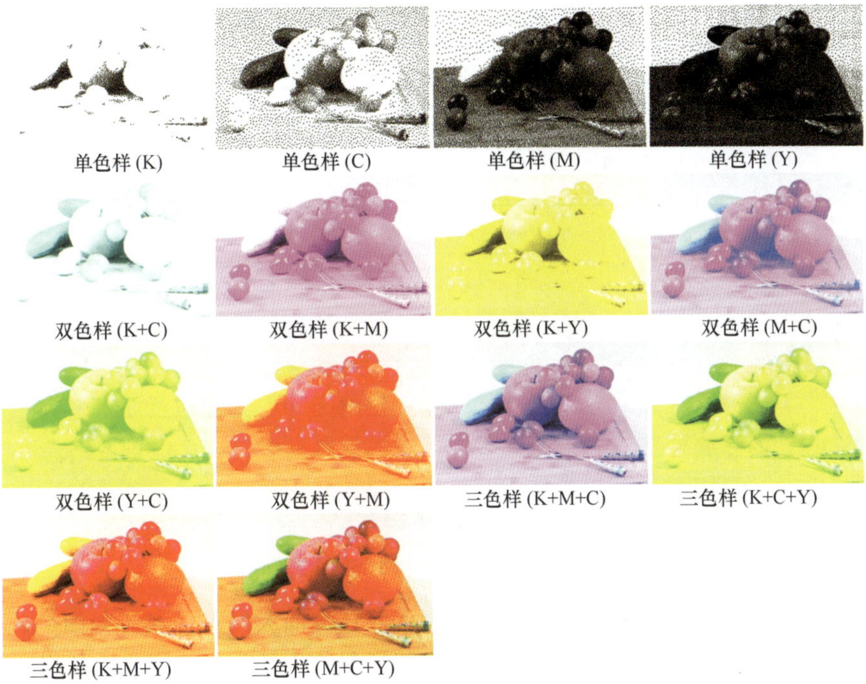

图 7-2　常见的颜色合成色样实例

2. 印刷品呈色机理

我们知道，万紫千红的印刷品就是靠四色油墨来呈现绚丽多彩的颜色，如图 7-3 所示。当四色油墨印刷到纸张上去之后，各色油墨的网点之间的关系只有两种：并列与叠合。网点的呈色遵循减色法的原理。

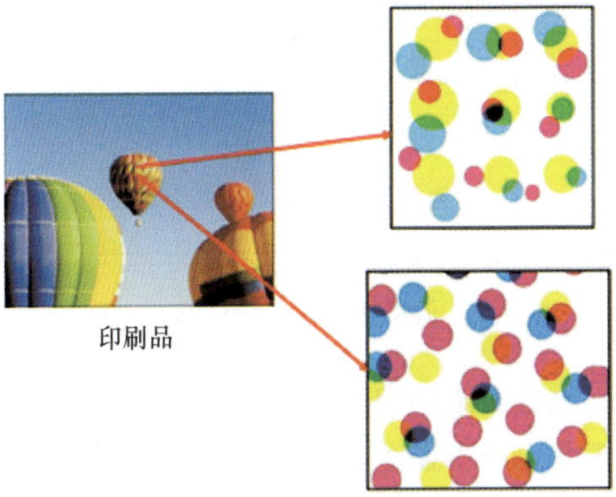

图 7-3　印刷品网点叠印效果

（1）网点并列呈色　并列网点的呈色如图 7-4 所示，当白光照射在并列的面积相同的品红油墨和黄油墨上时，品红油墨吸收白光中的绿光，反射红光和蓝光，黄墨吸收白光中的蓝光，反射红光和绿光，品红墨反射的红光和蓝光与黄墨反射的红光和绿光的综合效果就是产生了红光。由前面所学内容可知，当两个网点在人眼形成的视角小于 1′

时，人眼分辨不出两个网点，因而两个网点反射的光照射中也分辨不出，就成了两份红光、一份绿光和一份绿光在人眼的同一个部位产生了刺激，而等量的红光、绿光和蓝光产生白光的效果，剩余的一份白光在人眼中产生色彩感觉，人就感觉到了红光。同理，当白光照射在并列的面积相同的品红油墨和青油墨上时，产生蓝色，照射在等量的青墨和黄墨上时产生绿色，当白光照射在三种油墨上时，就会产生灰色或黑色。

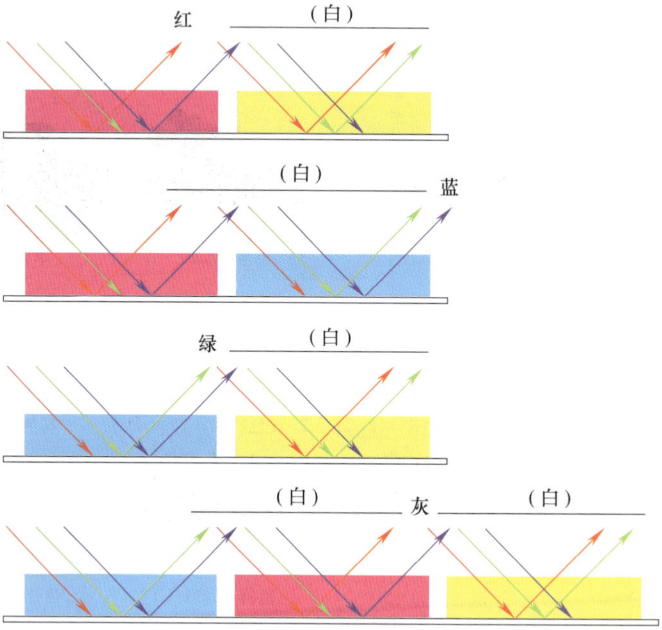

图 7-4　等大网点并列呈色示意图

当两色或三色的网点面积不相同时，产生的颜色偏向大网点一侧。如图 7-5 所示，小面积的品红墨和大面积的黄墨并列时，由于黄墨反射较多的红光和绿光，使得产生的颜色已经不再是红色，而成了橙红色，随着品红墨和黄墨的面积比例的不同，颜色也会发生很大的变化；同理当大面积的品红墨和小面积的黄墨并列时，就会产生紫红色。同样，黄品青三色油墨以不同面积比例并列时就会产生各种各样的颜色。

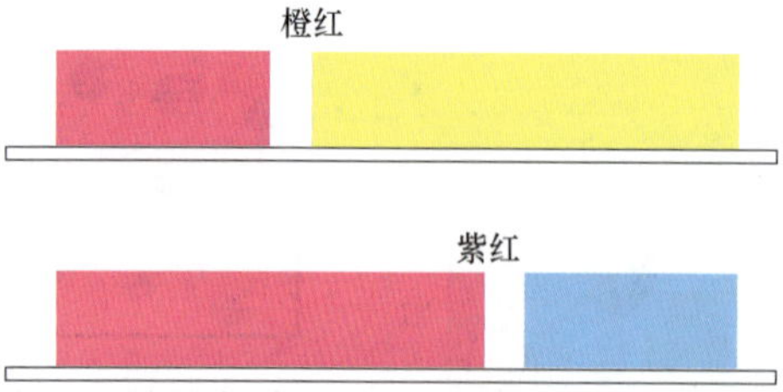

图 7-5　非等大网点并列呈色示意图

(2) 网点叠合呈色　当第二色油墨在印刷时，和第一色油墨还有可能叠合。网点叠合的呈色类似于网点的并列呈色。以品红油墨和黄墨的叠合为例，假如等量的品红油墨和黄墨叠合在一起，如图 7-6 所示，白光照射时，品红油墨吸收白光中的绿光，允许红光和蓝光透过，穿过品红油墨的红光和蓝光照射在黄墨上，黄墨吸收其中的蓝光，把红光反射出来，红光刺激人眼的视觉系统，因而产生了红色。同样，青墨和黄墨叠合产生绿色，青墨和品红墨叠合产生蓝色，黄品青三色油墨叠色时产生黑色或灰色。

油墨吸收色光的多少与色料的浓度、透明度、墨层厚度、叠印顺序有关，所以会产生偏色。如图 7-7 所示，青墨和品红墨的墨层厚度不同，所产生的颜色偏差也就很大。当青墨的厚度小于品红墨的墨层厚度时，青墨对红光的吸收不充分，还有少量的红光反射出去，和没有吸收的蓝光混合形成蓝紫色；青墨的厚度大于品红墨的墨层厚度时，品红墨对绿光的吸收不充分，还有少量的绿光反射出去，和没有吸收的蓝光混合形成青蓝色。随着叠合墨层的厚度不同，形成的颜色也算各种各样。同理，三色油墨叠合时，随着墨层厚度的不同也会产生各种各样的颜色。

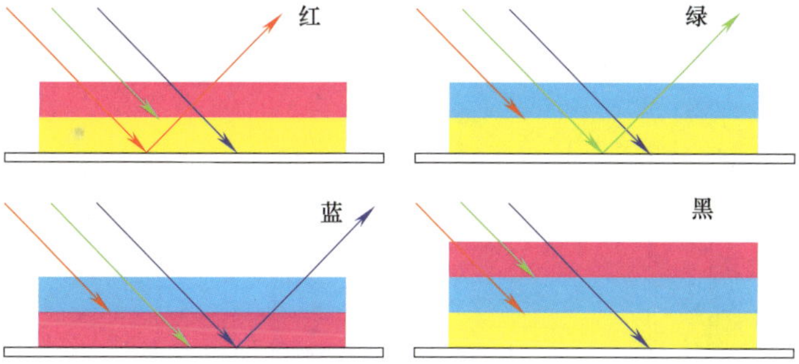

图 7-6　等大网点叠合呈色示意图

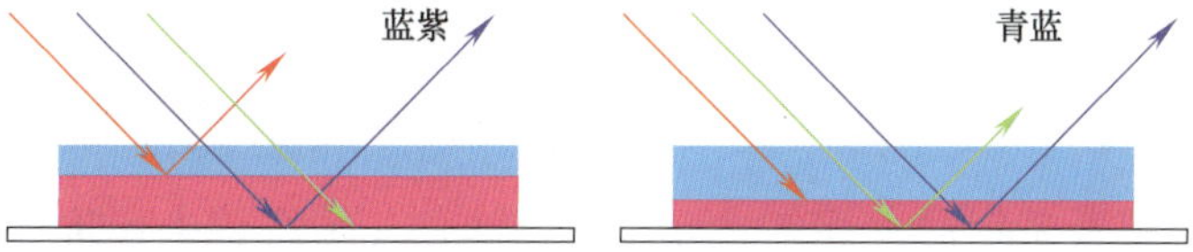

图 7-7　非等大网点叠合呈色示意图

二、在 Photoshop 中模拟颜色合成

在上一个项目的学习中，练习了在 Photoshop 中模拟颜色的分解，而颜色的合成则是在分解的基础上继续操作。颜色的分解、合成的具体步骤如下。

（1）执行“图像”→“图像大小”，修改图像分辨率（不要勾选“重定图像像素”），图像分辨率设置要求大于等于 300ppi。

（2）执行“图像”→“模式”→“CMYK 模式”，修改颜色模式。

（3）执行“通道”→“分离通道”。

（4）选择“分色测试图_K”通道的图片，执行“图像”→“模式”→“位图”，方法选中半调网屏，并设置其他参数，然后保存，保存为 TIFF 格式。

（5）重复第四步，对“分色测试图_C”“分色测试图_M”“分色测试图_Y”通道的图片，进行相应的设置。

（6）新建一个与原稿图像大小完全相同的 CMYK 模式的文件。

（7）将“分色测试图_C”“分色测试图_M”“分色测试图_Y”“分色测试图_K”图片中的内容，按照 K→C→M→Y 的叠印顺序，分别复制到新建文件中的相应的 C、M、Y、K 四个通道。

（8）完成，并将最终效果保存为 TIFF 格式。

三、影响颜色合成的因素

在颜色合成的过程中，工艺、设备、材料等因素都会影响色彩的准确再现。

1. 油墨特性对印刷品颜色的影响

彩色印刷品的颜色是油墨产生的，对印刷品颜色产生直接影响的油墨特性主要有：颜色质量、着色力、透明度、细度和颜色的稳定性等。

（1）颜色质量　理想的三原色油墨应当能够各自吸收白光中 1/3 波段的光谱，透射 2/3 波段的光谱。通过调整三种油墨的比例，控制进入人眼的红、绿、蓝色光的成分，再现原稿色彩。实际每一种油墨都带有一定的色偏，应该透射的部分没有完全透射，应当完全吸收的波段却有一定的透射，从而降低了油墨的彩度，使之带有一定灰成分，如图 7-8 所示。

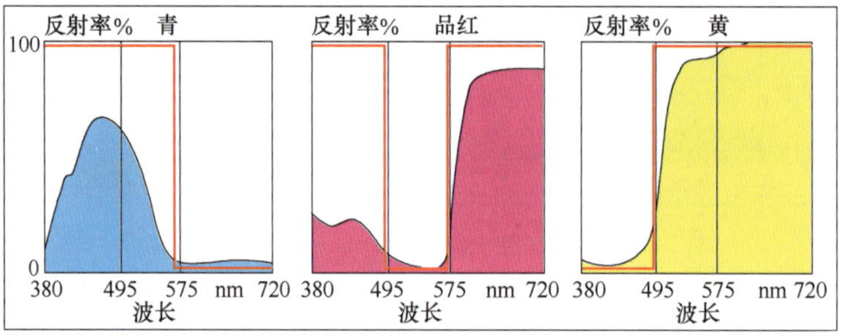

图 7-8　理想三原色油墨和实际三原色油墨的光谱反射率曲线

目前在印刷界广泛采用的上述红、绿、蓝三滤色片密度值来评价油墨颜色特征的方法，是由美国印刷技术基金会 GATF 推荐的，它提出了四个参数来表征油墨的颜色质量特性：

① 油墨色强度。不同油墨进行强度比较时，三个滤色片中密度数值最高的一个即为该油墨的强度。例如在表 7-1 中的青墨强度为 1.23，品红墨强度为 1.20，黄墨强度为 1.10，它们也是各自的主密度值。油墨强度决定了油墨颜色的饱和度，也影响着套印的间色和复色色相的准确性和中性色是否能达到平衡等问题。油墨的强度，在一般的印刷工艺情况下，黄墨主密度值 DB 在 1.00～1.10，品红主密度值 DG 在 1.30～1.40，青墨主密度值 DR 在 1.4～1.50，黑墨主密度值 DBk 在 1.5～1.60。

表 7-1　　青品黄三色油墨的三滤色片密度（色强度）

色别	红(R)滤色片密度	绿(G)滤色片密度	蓝(B)滤色片密度
青(C)	1.23	0.50	0.14
品红(M)	0.14	1.20	0.53
黄(Y)	0.03	0.07	1.10

② 色相误差（色偏）。因为油墨颜色不纯洁，使得对光谱的选择吸收不良，产生不应有密度，而造成色相误差。不应有密度的大小就是这种色相偏差的反映。从表 7-1 中可以看到，各种原色都可以用 R、G、B 滤色镜测量，得到高、中、低三个不同大小的密度值。色相误差可由这三个密度值按照下面的公式进行计算。油墨的色相误差用百分率表示：

$$色相误差=\frac{中密度值-低密度值}{高密度值-低密度值}\times 100\%$$

以表 7-1 中的青墨为例，其色相误差为：

$$色相误差=\frac{0.50-0.14}{1.23-0.14}\times 100\%=33\%$$

③ 灰度。油墨的灰度，可以理解为该油墨中含有非彩色的成分。如前所述，这是由于低密度值处不应有吸收所造成的，它只起消色作用。灰度以百分率表示，用下面的方法计算：

$$灰度=\frac{低密度值}{高密度值}\times 100\%$$

仍以表 7-1 中的青墨为例，其灰度为：

$$灰度=\frac{0.14}{1.23}\times 100\%=11.38\%$$

灰度对油墨的饱和度有很大影响，灰度的百分数越小，油墨的饱和度就越高。

④ 色效率。油墨色效率是指一种原色油墨应当吸收三分之一的色光，完全反射三分之二的色光的能力。因为油墨存在不应有吸收和吸收不足，就使得油墨颜色效率下降，可按下式计算：

$$色效率=1-\frac{低+中}{2\times 高}\times 100\%$$

以表 7-1 中的青墨为例，它的色效率为：

$$色效率=1-\frac{0.14+0.5}{2\times 1.23}\times 100\%=74\%$$

色效率只对三原色墨有意义，对于两原色墨叠印的间色（二次色）就没有实际意义了。

（2）着色力　着色力是指每克被测色墨和每克标准色墨被冲淡到同一彩度时，被测色墨所耗冲淡白墨的克数占标准油墨所用的墨量的比例。

油墨着色力主要由颜料在油墨中的含量及分散度决定。胶印亮光油墨的着色力应介于90%～110%之间。一般在生产油墨时，颜料在油墨中含量高，分散度大时，着色力就强；反之，着色力就弱。油墨着色力的强弱直接关系到彩色印刷时墨层厚度和使用量。

（3）透明度　油墨的透明度指的是油墨使底色显现的程度。透明度好的油墨，遮盖力一定差。一般有机染料的透明度好，无机颜料的透明度差；高分子树脂连接料透明度好，油性材料连接料透明度差。透明度差的油墨往往先印，避免对其他油墨产生遮盖。有时需要油墨有一定的遮盖力。如当纸张白度差时，可用不透明的黄墨打底色。

（4）细度　细度是指油墨中颜料颗粒的粗细程度。颜料颗粒越小，在连接料中的分散度就越高，油墨细度越小。反之，油墨细度越高。

彩色图像印刷时，总是以网点的大小或墨层的厚薄来表现颜色和层次的。油墨细度应与图像复制时的网点大小相适应。油墨细度小，能使小网点饱满有力，提高了油墨的着色力，对彩色图像印刷十分有利。网线越细，油墨的细度应越小；粗网线的一般产品没必要选用细度很小的油墨。

（5）颜色的稳定性　油墨的颜色稳定性是指油墨在印刷过程中及印刷品使用过程中不发生颜色变化的性质，包括化学稳定性和耐光性两个方面。

油墨遇酸、碱、水、醇、高温等条件不发生化学变化、不褪色、不变色的能力为化学稳定性。油墨的化学稳定性分为 5 个等级，1 级最差，5 级最稳定。

油墨耐光性分为 5 个等级，1 级为变色严重，5 级则是耐光性好。所有油墨在长时间日光照射下颜色都会有变化，会变浅或变暗。印刷前应根据印刷品的使用环境，选用相应等级的耐光性油墨。

2. 纸张性能对印刷品颜色的影响

影响印刷品色彩质量的纸张性能主要有纸张的白度、平滑度与吸墨性能等。

(1) 纸张的白度　纸张的白度是指纸张受光照射后全面反射的能力，用白光的反射百分率表示。国家标准规定铜版纸的白度不小于 85%。

纸张的白度越高，能够呈现的印刷色彩越饱和，使纸张尽可能地白，才能更充分显示彩色图像的印刷效果。但在实际造纸过程中，为了使纸张尽可能地白，会添加一定量的增白或漂白剂，而这些增白或漂白剂中往往含有荧光物质，这些物质会造成印刷品颜色质量的变化，破坏色彩的复制效果。

(2) 纸张的平滑度　纸张的平滑度是指纸张表面平整、均匀和光滑的程度。

纸张的平滑度越高，性能越好。一般涂料纸平滑度高于胶印纸。平滑度高的纸张，在墨层厚度稍有变化时，仍能保持较稳定、较高的油墨转移率，并很快形成均匀的干燥墨膜，具有良好的光泽性，颜色鲜艳明快、图文层次丰富。平滑度低的纸张，表面凹凸不平，有孔隙，油墨渗透较多，颜色彩度较低，墨层光泽性差。

(3) 光泽度与吸收性　纸张的光泽度是指纸张表面的镜面反射程度，用百分率来表示。铜版纸的光泽度不小于 55%。纸张表面的光泽度越高，印刷品墨层表面的光泽度也越高，颜色的彩度就越高。

纸张的吸收性是指纸张对油墨中连接料及其溶剂的吸收程度。纸张的吸墨性能影响油墨的亮度、干燥速度与墨层密度，也大大影响印刷品的质量。若纸张的吸墨性过高，连接料过多地被吸入纸张纤维内，会使颜料粒子在纸面上呈悬浮状态，结膜干燥后印刷品缺乏光泽；若纸张的吸墨性能过低，会使印刷油墨无法充分干燥，出现油墨亮度不足、墨层厚度不足、纸张脱粉掉毛、粘脏等问题。

3. 印刷色序对印刷品颜色的影响

在彩色印刷中，油墨叠印不良、印刷色序安排不合理，容易影响印刷品的立体感与清晰度，会产生偏色、混色等颜色差异。多色印刷中多色油墨几乎是瞬时套印在一起，墨层会比较厚，干燥性较差，一般用喷粉的方法来加速干燥，避免印刷页面背面蹭脏，但会影响印刷品的光泽度。同时现代彩色印刷多采用湿叠湿的印刷方式，多次受压，立体感比较差。两种颜色的油墨只要色序相互颠倒，其呈色效果就可能不同。选择合理的印刷色序，对于印刷效果的呈现会起到至关重要的作用。

图 7-9　印刷的色序（叠合呈色的顺序）

(1) 印刷色序　印刷色序是指在彩色印刷过程中各色版套印在承印物上的颜色顺序，如图 7-9 所示。色序安排科学会使印刷品颜色更接近原稿，层次更丰富、套印更准确，图像更真实、清晰、自然。色序安排不当则有可能产生色偏等故障。所以，色序的科学安排是颜色合成阶段的重要任务，需要印刷工人灵活处理。

（2）确定色序的原则　在印刷色序的安排上，既要考虑原稿的颜色特点，还要考虑油墨和纸张的性能、印刷适性等因素。把颜色、艺术特征、工艺等因素综合考虑，这样才能获得好的印刷效果。

① 根据原稿的特点确定印刷色序。原稿图像大都有一种主色调，比如有的图像偏红偏黄，属于暖色调，有的图像偏青、属于冷色调，有的图像看不出明显的冷暖、属于中性色调。印刷合成时，在保持不偏色的前提下，应尽量突出主色调以增强画面的氛围。而油墨是含有杂质的，并不能达到100%的透明度，或多或少的具有一定的遮盖力。根据原稿的颜色特点，应选择先印次要色、后印主要色的色序。画面中需要加强的颜色，可放在最后印刷，避免被其他色墨遮盖。比如表现成熟瓜果的暖色调图像，应先印黑色、青色，后印品红色、黄色，以突出暖的氛围。如果先印品红色、黄色，后印黑色、青色，因油墨间轻微的遮盖，画面会显得偏青、偏冷，不利于主色调的表达。所以，一般以暖调为主的先印黑、青，后印品红、黄；以冷调为主的先印品红、后印青色，以中性色调为主的先印黄、品红，后印青、黑色，如图7-10、图7-11、图7-12所示。

图7-10　暖色调原稿（印刷色序：黑、青、品红、黄）

图7-11　冷色调原稿（印刷色序：黑、品红、青、黄）

图7-12　中性色调原稿（印刷色序：黄、品红、青、黑）

② 根据油墨的特性确定色序。安排印刷色序时，还应充分考虑不同油墨的透明度、黏度、墨层厚度等因素。

a. 根据油墨的透明度安排印刷色序。透明度差的油墨，遮盖力较强，不容易透出下层的颜色，所以，一般选择透明度差的油墨先印，透明度好的油墨后印。目前，四色油墨的透明度顺序是 K＜C＜M＜Y。因此，从这方面考虑，应按照黑色→青色→品红色→黄色的色序印刷。上层颜色的透明度较高，有利于下层颜色的正确表达。

b. 根据油墨的黏度高低安排印刷色序。四色印刷是“湿压湿”的印刷方式，前一色未干时，后一色迅速叠印上来，一色紧接一色的印。这就需要前一种油墨的黏度大于后一种油墨的黏度，已经印上去的墨色能迅速黏着住墨辊上传来的后一墨色，如果先印上去的油墨黏度不够，有时反而会被后一色粘走，这叫逆套印，属于印刷故障。所以通常选择黏度大的油墨先印，黏度小的后印。根据油墨黏度从大到小的顺序，通常按黑色＞青色＞品红色＞黄色的色序印刷。

c. 根据油墨的干燥速度安排印刷色序。实践证明，油墨的干燥速度为黄色＞品红色＞青色＞黑色。通常选择先印干燥性能较慢的色墨、后印干燥性能较快的色墨。四色印刷工艺通常将黄墨安排在最后印刷，这是因为先印黄墨时由于干燥速度过快，容易引起玻璃化的现象，不利于后序颜色的固着。如果将黄墨最后印刷，黄墨能快速干燥并氧化结膜遮盖在其他墨层表面，使印刷品具有一定的光泽度。且黄墨的透明性最好，最后印刷有利于印刷品的色彩还原，得到鲜艳、明快的色彩。

③ 从有利于套印来确定印刷色序。印刷过程中，油墨的叠印使纸张有一定的湿度、纸张产生伸缩变形是不可避免，比如，四色印刷时，有时纸张会伸展为扇形。即使严格按照规范进行套准，仍无法避免这些客观缺陷所造成的套准误差。所以，我们通常将对画面的套准起决定性作用的颜色，安排在相邻色序印刷，以尽量减少这两种颜色的套准差别。比如，在一般印刷品上，黄色虽然较多，但属于弱色，即使套准有误，视觉影响也不大。黑色虽然是强色，但通常黑版上的分色信息不多，且大多集中在暗调部位，对套准的要求也不太强。而品红色和青色属于强色，在版面上所占的面积通常都比较大，这两种颜色若套准有误，对画面的干扰很大，所以我们一般安排这两色为紧邻的印刷顺序，如果这两色的顺序安排较远，印刷过程中，纸张发生了变形，就很难避免套准误差了。所以单色机一般选择 Y＞M＞C＞K 色序，双色机一般选择 Y＞K、M＞C 的色序，四色机多选择 K＞C＞M＞Y 的色序，都把青色和品红色安排在紧邻的色序进行印刷。

④ 根据纸张的性能确定色序。质量较差的纸张，有白度和平滑度较低、纤维松散、易掉粉掉毛等缺陷，可以先印黄色油墨打底，黄墨干燥快，成膜迅速，可以弥补纸张的上述缺陷。所以平滑光洁的纸张可以选择后印黄色，粗糙松散的纸张一般应选择先印黄色，后印其他色。

4. 印刷控制状态对印刷品颜色的影响

（1）墨层厚度与颜色再现　墨层的厚薄与油墨的稠与稀有关，墨太稠和太稀，都不利于均匀的输墨和展墨。油墨太稠，印刷的膜层就过厚，油墨流动性差，造成传墨不畅，画面暗调区域网点模糊不清，色彩过深，层次偏闷。油墨太稀，印刷的墨层过薄，印刷品墨色显得发淡，色泽陈旧。因此，调配油墨不宜太稠和太稀，印刷时墨层才会适中，色彩接近原稿，达到较好的状态。

（2）水墨平衡与颜色再现　印刷过程中，油墨在水分过大时会发生乳化，印迹干燥后，色彩暗淡，光泽降低。在印刷过程中，坚持墨稠水小的操作方法，降低了油墨的乳化，保证印出的产品色相纯正，饱和度高，色彩鲜艳，墨层厚实，网点扩大值小，而且清晰、饱满厚实。但是如果水量过小，将会导致传墨不畅，版面起脏，而不能正常印刷。

（3）印刷压力与颜色再现　印刷压力直接影响着油墨的转移程度，压力过大，油墨传递到纸张上时，网点变形严重，印刷品的清晰度和光泽度差；印刷压力过小，能够勉强将油墨转移到纸面上，但墨层浮在纸张表面不实，影响光泽效果。理想的压力是以最小的印刷压力使印品上的印迹清晰，墨层厚实，阶调和色彩再现良好。

课后练习

分析下列图片的色调特点，依据原稿特点确定色序的原则，将复制此图片的印刷色序写在图下面的对应位置处。

色序：

色序：

色序：

项目八 专色油墨的调配

知识目标

1. 专色油墨的概念。
2. 油墨颜色的分类。
3. 油墨调配原理。
4. 调配油墨的过程。

能力目标

借助调配“深红色、浅黄色”油墨的训练过程，掌握经验法调配专色油墨的流程和技能。

学习任务 专色油墨的调配

任务描述

借助于仪器测量的数据，手动调至所需要的颜色，色差要小于2。

一、专色

专色是指在印刷时，不是通过印刷C、M、Y、K四色合成这种颜色，而是专门用一种特定的油墨来印刷该颜色。专色油墨是由印刷厂预先混合好或油墨厂生产的。对于印刷品的每一种专色，在印刷时都有专门的一个色版对应。使用专色可使颜色更准确。

二、调墨的基本原则

（1）浅色油墨尽量采用冲淡剂来调配，少用稀释剂来调配。
（2）调配的油墨色相中，缺什么色相就加什么色相。
（3）调配时不要反复胡乱改动，不行推倒重来。
（4）调配过程中，配色应从最淡的颜色开始配。
（5）油墨采用同系列拼配，使用的油墨品种数越少越好，尽量少用不同颜色的油墨。

（6）配色时要尽量参照同一个配色系统，先调试墨样，确定后再大量调配。

（7）要做到三个准确：色相调配准确、耗墨量调配准确、印刷适性调配准确。

三、专色油墨的调配基本过程

（1）分析色样，确定基本色油墨　色样分析是做好油墨调配的工作基础，是决定油墨调配是否正确的重要环节。所谓分析色样，是指对原稿标准色样进行色彩构成及特点分析，以便确定油墨调配所需油墨的色相、数量、比例以及各种辅助材料种类和比例。经过色样分析得出的结果，选用相适应的油墨就可以着手油墨配色。

（2）选择油墨及确定调配数值　在确定原墨的色相、型号及冲淡剂的种类后，采用原封色墨，按用量在天平上称取，记录下油墨的配比数据。

（3）试配　按色样分析结果及色墨配比的计算比例，进行试调。调配的顺序是：①深色油墨加放顺序是由大到小，比例大的油墨先加放；②浅色油墨加放顺序由浅到深，即颜色浅的先加放。调配操作应边加边搅拌均匀，直至混合均匀。

（4）手工打样　油墨经调配混合后，取少量油墨在打样纸上，两张打样纸分别放在左右手上，两打样纸反复拍打，直到油墨薄而匀。

（5）对比评定　将打样纸上的油墨颜色与标准样比较，观察颜色差异大小，也可借助分光密度计测量与标准样之间的色差。

（6）逐次修正　不断修正，直到接近于原样墨色。

（7）展色仪打样　手工打样颜色差异很小后，为检验其调配的准确性，把调配的油墨放到展色仪上进行打样。

（8）记录和放大比例调配　对于每配一次（包括修正）都应有详尽的记录。直至油墨墨色接近于原样墨色，再按比例放大正式调配。

四、油墨调配环境和操作人员的要求

1. 油墨调配操作环境要求

（1）场地选择要求　靠近生产车间，光线充足，有朝北窗户，环境清洁，配有恒温恒湿装置。

（2）油墨调配场所设有标准照明光源 D65、D50，光源照度为 500K 左右。

2. 油墨调配用具

天平、调配操作工作台和调墨盘、油墨刀、油墨调配色谱、分光密度计、油墨展色仪等。

3. 油墨调配操作人员的要求

（1）操作人员熟悉印刷工艺，具有一定的实践经验。

（2）操作人员熟悉色彩知识，有较强的色相辨别能力。

（3）操作人员熟悉油墨调配过程中常见色差现象和纠正方法。

（4）操作人员了解油墨的各种特性，熟悉油墨色彩配方，懂得印刷色谱的应用。

五、调墨注意事项

（1）在色调符合要求的情况下，所用油墨的色彩种类越少越容易调配和控制。能采用间色油墨就不要采用复色油墨，按照减色法，专色油墨采用的颜色越多其饱和度就会越低，黑色成分就相应增加。

（2）确认印刷品的主色调及所含的辅色调，主色调墨作为基本墨，其他墨作为调色墨，以基本墨为主，调色墨为辅，这样调配专色油墨才会更快、更准确。

（3）调配打样和小样油墨时，尽量使用与印刷所用纸张相同的纸，因为油墨的颜色会随着纸张吸收性的差别等因素而变化。只有保持稳定的纸质，才能避免因纸张的差别而造成的颜色误差。

（4）用普通白卡纸打小样或刮样，墨层的薄厚会直接影响墨迹的颜色，墨层薄，则颜色浅、亮度高。实地或网线，湿压湿或湿压干，喷粉量大或小，纸张表面的平整度及白度，墨层的薄厚等不同都会引起颜色的差别。

（5）调专色油墨，首先要调出油墨的饱和色相，打出薄薄的小样，确认不缺少主色调和辅色调后，再用冲淡剂调至所需的专色。

（6）影响专色油墨颜色因素还包括印刷工艺，水量、墨量控制，车速及印刷设备等，应把握印刷及其规律，确保产品质量。

课后练习

1. 利用经验法配色需要注意哪些问题？
2. 在 AI 软件中设置 2 种专色。

项目九 颜色的测量

知识目标

1. 了解实地密度、网点增大、印刷反差、油墨叠印率、色差的概念。
2. 掌握实地密度、网点增大、印刷反差、油墨叠印率、色差的标准。

能力目标

1. 能够使用分光光度计测量实地密度、网点增大、印刷反差、油墨叠印率、色差。
2. 能够根据测量结果，判定印刷品颜色质量。

学习任务 颜色的测量

任务描述

利用分光光度计检测样张，测量印刷样张的印刷反差、实地密度、网点增大、油墨叠印率、灰平衡、色差等参数，判断印刷样张是否合格。

一、实地密度

“实地密度”是印刷工艺中重要的质量控制指标，它是网点扩大、相对反差、叠印率、灰平衡和总墨量等相关参数的基础，实地密度控制失误将直接导致其他参数异常，印刷质量出现问题。实地密度是指黄、品红、青、黑四种单色在印张上网点面积率100%位置处的密度。

国际印刷标准ISO 12647-2和ISO 12647-3对纸张进行了分类，即：Type1、Type2（铜版纸）、Type3（轻涂纸）、Type4、Type5（胶版纸）和Newspaper（新闻纸）。不同的纸张由于表面性质不同，印刷的实地密度会有所差异，国际印刷标准ISO 13656对反射密度测量和色度测量在印刷过程控制中的应用做了详细而明确规定，在实际生产中测量实地密度一般需要特别注意四个条件，即：“有偏振光镜或无偏振光镜”“加纸白或减纸白”“T状态或E状态”和“白垫底或黑垫底”，不同的测量条件得到的实地密度结果有很大差异。根据国内实际状况，一般控制标准参考如表9-1。

表 9-1 实地密度标准

测量条件	类别	参考值(容差:正负 0.05)			
		铜版纸	轻涂纸	胶版纸	新闻纸
有偏振光镜、加纸白、T 状态(括号内是 E 状态)	青色	1.55	1.50	1.25	1.20
	品红色	1.55	1.50	1.25	1.20
	黄色	1.10(1.40)	1.05(1.35)	1.00(1.20)	0.95(1.15)
	黑色	1.85	1.80	1.50	1.45
	纸白	0.06	0.09	0.09	0.26
无偏振光镜、加纸白、T 状态(括号内是 E 状态)	青色	1.45	1.40	1.05	1.00
	品红色	1.45	1.40	1.05	1.00
	黄色	1.05(1.35)	1.00(1.30)	0.90(1.05)	0.85(1.05)
	黑色	1.65	1.60	1.20	1.20
	纸白	0.05	0.06	0.08	0.22

由于墨层在干状态和湿状态下表面会发生变化，从而导致实地密度在使用“有偏振光镜和无偏振光镜”的测量条件下出现不同的结果。“有偏振光镜”测量，墨层由湿状态变成干状态下，测量值基本保持不变；而“无偏振镜”测量，墨层由湿状态变成干状态下，测量值逐渐变小，这就是密度干退现象的客观数据表现。为了保证印刷过程控制中的实地密度值（湿状态）与后期印刷质量检测中的实地密度值（干状态）保持一致，所以建议在“有偏振光镜”条件下测量。如果在“无偏振镜”条件下测量，印刷过程控制中的实地密度（湿状态）必须要稍大些，以便于干燥后，刚好符合后期印刷质量检测中的实地密度值（干状态）。

一般北美测量条件多采用“T 状态（ANSI T，宽波带响应）、无偏振光镜和加纸白”，而欧洲测量条件多采用“E 状态（DIN，窄波带响应）、有偏振光镜和减纸白”。“T 状态”与“E 状态”的区别最重要在于影响黄色测量值，其他颜色测量值基本相同。一般情况下，T 状态测量值小于在 E 状态测量值，而且测量值越大差异越大。

二、网点增大

网点增大是指胶片或印版上的网点在印刷后增大的现象。印刷中的网点增大是不可避免的，造成网点增大的原因主要有两个：一个是机械原因，在压印的一瞬间，印版网点上的油墨会因为挤压的作用而产生一定的变形，从而造成网点增大。另一个是因光的反射作用而引起的网点增大，光线在网点墨膜的边缘部分发生散射，在视觉上形成更大的网点的感觉，这种光学性的网点增大取决于油墨的透明度以及纸张的平滑度、吸收性能等。

我国对不同类印刷品制定了印刷网点扩大标准（50%网点处），如表 9-2 所示。

表 9-2 印刷品网点增大标准

色　别	精品印刷品网点增大率	一般印刷品网点增大率
黄色	8～20	10～25
品红色	8～20	10～25
青色	8～20	10～25
黑色	8～25	10～25

三、印刷反差

印刷反差是指实地密度与暗调密度（主要指75%或80%密度）之对比。印刷反差值越大，其所能再现的层次就越多，暗调的细节就越丰富；反之，印刷反差值越小，其所能再现的层次就越少，如表9-3为相对反差的标准。

表9-3　相对反差的标准

色　别	精细印刷品的反差	一般印刷品的反差
品红色、青色、黑色	0.35～0.45	0.30～0.40
黄色	0.25～0.35	0.20～0.30

四、油墨叠印率

叠印率是指三原色实地块的叠印中，后印的原色实地转移到先印原色实地上的密度与直接印到承印物表面上的密度之比的百分率，是评价油墨叠印效果好坏的一个量数。

叠印率越大越好，一般来说叠印率在70%～90%。

五、色差测量

色差简单来说就是颜色的差别。色差是在印刷行业经常出现的问题。色差问题困扰着很多的客户和一些印刷厂。产生色差的原因很多，比如同色墨印的深淡引起的色差；前、后批同色油墨的色彩差异产生的色差；不同系列四色版油墨的色差；有油墨的流变性能未调整好，墨斗供墨量未调整好或者和油墨的温度变化过大造成的印迹墨层在图文部分厚薄不均匀；色序更换，尤其是浅色换深色，墨上原有的深色没清洗干净等。

在实际印刷生产中，印刷色差是不可避免的。我国对同批同色印刷品的色差制定了标准。对于精细印刷品色差≤4.00～5.00，一般印刷品色差≤6.00。

六、分光密度计测量颜色

1. 颜色数据的测量

（1）打开分光密度计的开关。

（2）测量仪器的校正：主目录校正，进入校正界面；放平校正白板；把分光密度计放置在校正板上，测量孔对准圆形白板；按下测量头，直到屏幕左下角显示“完成”，表示校正完成。注意：每天使用仪器前应校正一次。

校正白板应放置于包装套的底部，隔离光线照射，环境要干燥无尘。

当更换测量口径或偏振片的时候需要进行全面校正，校正方法是（主目录—配置—全面校正，进入全面校正界面；测量白板，仪器会提示测量两次；当屏幕提示“测量黑筒”时，将测量头对准房间中比较暗的地方，按住不放进行测量，直到仪器自动测量四次后才可松开；屏幕左下角显示“完成”，校正成功）。

（3）主目录颜色，进入颜色测量界面；

（4）在颜色测量界面的右上角“选项”中，选择颜色空间、色差方式和视角；

（5）在颜色测量界面的右下角“选项”中，选择标准光源；

（6）放平印刷品，把仪器的测量孔对准目标颜色，按下机身即可测量出目标的颜色值。

2. 色差的测量方法

（1）在颜色测量界面中，把左上方的“颜色”切换为“颜色减去标准”模式；

（2）在颜色测量界面的右上角“选项”中，选择颜色空间、色差方式和视角；

（3）在颜色测量界面的右下角“选项”中，选择标准光源；

（4）进入“标准”，测量并储存标准，仪器共可以存16个标准；

（5）返回颜色测量界面，测量样品，仪器会自动搜索最接近的标准与之比较，显示出色差值。

3. 密度的测量

（1）选择主目录中的“密度”，按进入键，进入密度测量界面；

（2）左上角显示为“密度”；

（3）选择右上角“选项”，设定相关测量参数；

（4）如果选项中，数据形式选择减去纸张，则需要先将仪器的测量孔对准样纸张，按下机身测量出纸张的密度信息；

（5）放平样品，把仪器的测量孔对准样品，按下机身即可测量出样品色墨的密度值，“〉”指示该样品色油墨的主色调的密度。

4. 网点扩大的测量

（1）选择主目录中的“网点”，按进入键，进入网点测量界面；

（2）左上角显示为“网点面积”或者“网点扩大-%”；

（3）选择右上角“选项”，设定相关测量参数；

（4）返回网点面积测量界面，选择纸张空白处，把仪器的测量孔对准纸张空白处，按下机身；

（5）选择实地颜色，把仪器的测量孔对准颜色实地处，按下机身；

（6）选择需要测量的网点区域，把仪器的测量孔对准相应的网点区域处，按下机身。

5. 印刷反差的测量

（1）选择主目录中的“印刷反差”，按进入键，进入印刷反差测量界面；

（2）左上角显示为“印刷反差”或者“印刷反差减去标准”；

（3）选择右上角“选项”，设定相关测量参数；

（4）返回网点面积测量界面，选择纸张空白处，把仪器的测量孔对准纸张空白处，按下机身；

（5）选择实地颜色，把仪器的测量孔对准颜色实地处，按下机身；

（6）选择需要测量的75%的网点区域，把仪器的测量孔对准75%网点处，按下机身。

6. 叠印率的测量

（1）选择主目录中的“叠印”，按进入键，进入叠印测量界面；

（2）左上角显示为“叠印”或者“叠印减去标准”；

（3）选择右上角“选项”，设定相关测量参数；

（4）返回叠印测量界面，选择纸张空白处，把仪器的测量孔对准纸张空白处，按下机身；

（5）选择两色叠加的区域，把仪器的测量孔对准该处，按下机身进行测量；
（6）选择需要测量的第二色油墨实地密度处，把仪器的测量孔对准该处，按下机身；
（7）选择需要测量的第一色油墨实地密度处，把仪器的测量孔对准该处，按下机身。

课后练习

测量不同光源下，同一个色块的密度及色度，说明差异原因。

参考文献

1. 刘浩学. 印刷色彩学［M］. 北京：中国轻工业出版社，2008.
2. 刘真. 印刷色彩学［M］. 北京：化学工业出版社，2007.
3. 武兵. 印刷色彩学［M］. 北京：印刷工业出版社，2012.

http：//www.keyin.cn/html/mjzl/201108/17-555631.shtml